APP蓝图

Axure RP 7.0
移动互联网产品原型设计

吕皓月 / 编著

清华大学出版社
北京

内 容 简 介

移动互联网原型设计，简单来说，就是使用建模软件制作基于手机或者平板电脑的 App，HTML 5 网站的高保真原型。在 7.0 之前的版本中，使用 Axure RP 进行移动互联网的建模也是可以的。比如，对于桌面的网站模型，制作一个 1024 像素宽度的页面就可以了；现在针对移动设备，制作 320 像素宽度的页面就好了。但是在新版本的 Axure RP 7.0 中，加入了大量对于移动互联网的支持，如手指滑动，拖动，横屏、竖屏的切换，自动适应多设备等交互功能，极大地方便了移动互联网原型制作。

本书专注于介绍移动互联网的案例制作，以使用微信、LinkedIn、腾讯新闻客户端、滴滴打车、iOS 7 等主流移动互联网应用程序为案例，深入浅出地介绍了移动互联网应用程序的设计和交互精髓。并且，最终这些制作的高保真原型可以真正地在手机上进行体验，就好像真正安装了它们一样。

本书的作者也是《网站蓝图——Axure RP 高保真网页原型制作》的作者。对于读者来说，无论是熟练使用 Axure RP，还是第一次接触这个软件，本书都是一个不错的选择。

图书在版编目(CIP)数据

APP 蓝图：Axure RP 7.0 移动互联网产品原型设计 /吕皓月 编著. —北京：清华大学出版社，2015
（2016.5 重印）
ISBN 978-7-302-38562-2

Ⅰ. ①A… Ⅱ. ①吕… Ⅲ. ①网页制作工具　Ⅳ. ①TP393.092

中国版本图书馆 CIP 数据核字（2014）第 273635 号

责任编辑：栾大成
装帧设计：杨玉芳
责任校对：胡伟民
责任印制：刘海龙

出版发行：清华大学出版社
　　　　　网　　址：http://www.tup.com.cn，http://www.wqbook.com
　　　　　地　　址：北京清华大学学研大厦 A 座　　邮　编：100084
　　　　　社总机：010-62770175　　　　　　　　邮　购：010-62786544
　　　　　投稿与读者服务：010-62776969，c-service@tup.tsinghua.edu.cn
　　　　　质 量 反 馈：010-62772015，zhiliang@tup.tsinghua.edu.cn
印　装　者：北京亿浓世纪彩色印刷有限公司
经　　销：全国新华书店
开　　本：170mm×230mm　印张：18.25　插页：1　字　数：500 千字
版　　次：2015 年 2 月第 1 版　　　　　　　印　次：2016 年 5 月第 4 次印刷
印　　数：11001～14000
定　　价：69.00 元

产品编号：061140-01

关于Axure

本书是《网站蓝图——Axure RP 高保真网页原型制作》的兄弟篇。在 2 年后的今天，移动互联网已是大势所趋，之前在桌面网站产品上默默耕耘的人们，大多早已经切换到了手机这个方寸之地。基于 iOS、Android 的 APP，以及微信开发已经成了新的热点。我们随便走进一家单杯咖啡超过 30 元的咖啡店，你就会发现，一个人喝咖啡的是来蹭网的，两个人喝咖啡是在讨论移动互联网产品，三个人喝咖啡是在讨论移动互联网创业，一堆人喝咖啡是刚听了移动互联网的讲座。笔者也被移动风暴推到了风口，所以，写下了这本《APP 蓝图——Axure RP 7.0 移动互联网产品原型设计》。虽然叫《APP 蓝图》，但是其中的方法可以适用于任何移动互联网产品的原型制作。

本书全部基于 Axure RP 7.0（最新版本），Axure RP 7.0 对移动原型的开发做了大量的升级工作。我们不但可以在传统桌面电脑上进行高保真原型的开发与操作，而且可以在真正的 iPhone 上，就像真正安装了一个应用一样的去测试一个移动应用。你会在手机屏幕上看到这个应用的图标，可以滑动、切换，就像运行一个真的 APP 应用，你可以让所有相关人员"安装"这个高保真应用，当你更新了原型之后，所有人不用二次安装，全部都可以看到最新的反馈。现在你再去见老板或者投资人诉说你的想法，只要把你的手机递过去就可以了。

在首本书（《网站蓝图》）出版后的两年间，笔者明显体会到现在对于原型的需要越来越多。一个很大的原因是现在的互联网行业已经不是小众和行内人士独享的行业，所有行业都在互联网化，所以有更多的人员、资本来自于对互联网不那么了解的领域。如何准确地向不那么了解你所从事的工作的人解释你做的事情，变成了一个大的挑战。尤其是行业的混乱再加上全球化的趋势，你会发现向美国和印度的同事去解释你的想法——比如一个基于微信朋友圈分享的超级互联网创意——变得难上加难。这个时候，高保真原型是最有效和直接的武器——发一个 PPT 或者一个 Email 过去，远远不如一个能直接看到效果的原型有效。而制作原型的成本又因为 Axure RP 7.0 这个卓越的工具而进一步的下跌了。说，是说不清楚的，动手做吧！

最后，对于刚入互联网职场的，或者想进行一些改变的读者们，与其去学习已经被很多人诟病的 PPT 和 Excel，不如好好花时间学一学 Axure，你的同事和老板会立刻对你刮目相看。无论在任何地方，"特别"都是一个特别的优点。

吕皓月

前 言

建模，又常被称为画线框图、mockup、原型图、demo，其主要用途是在正式进行设计和开发之前，通过一个逼真的效果图来模拟最终的视觉效果和交互效果。

在现代企业当中，尤其是互联网企业，无论企业规模大小，时间都意味着金钱。开发出的产品不符合最初的要求，不满足用户期待，会白白浪费大量的人力物力。所以决策者在将产品推向市场之前，都希望最大程度地去了解最终的产品到底是什么样子的，但是又不能投入时间真正地做出一个真实的产品。所以，模型就成了最好的帮手。建筑行业中的设计图，汽车行业中的概念车，零售行业中小规模局部上市的一些实验商品，手机行业中的工程原型机，都是建模的好例子。

本书就是要向大家介绍如何使用 Axure RP 7.0 软件制作移动互联网的网站原型。比如，如何制作一个微信那样的联系人对话框，如何制作一个像 iOS 里面拖动的橡皮筋效果。通过这些具体应用的案例，让读者熟悉整个建模的过程，从而利用 Axure RP 7.0 这个神奇的工具，将自己的想法转化成可以向别人介绍的逼真的原型。然后通过这个原型，获得企业内部的资源支持或项目主导者的认可，确认讨论的需求，甚至获得潜在投资人的支持，把握一个机会。

如果大家对传统的互联网建模有兴趣，可以参考笔者的另外一本书《网站蓝图——Axure RP 高保真网页原型制作》，也由清华大学出版社出版。在那本书中，从简单的原型到复杂的交互，读者可以全面了解 Axure RP 的功能。在本书中，对于完全没有使用过 Axure RP 的读者来说，可能会需要一点儿时间适应。

在《网站蓝图——Axure RP 高保真网页原型制作》出版后，很多读者提出了一个疑问，那就是原型到底要做得多"逼真"才算是令人满意的？是否需要 100% 的模拟真实的情况？那样可能意味着原型的制作也要花费相当多的时间和精力。笔者的答复是：看应用场景。

如果你的原型就是用来跟你熟识的一些产品经理和工程师进行沟通交流，那么也许一个非常简单的用于示意的原型图就足够了。因为你们彼此了解，很多的沟通可以通过语言和默契来完成，甚至不需要原型。

如果你的原型是用来跟上司提案用的，那么就要做得相对详细一些，尤其是涉及用户交互和流程的部分。要让他们清楚了解，你这个页面是做什么的？怎么用？如何展现每个细节？尤其是在产品立项或者阶段性审核的时候，做得越详细，证明准备得越充分，也就越容易面对质疑，最终获得认可。注意，"细节决定成败"这句话，其实应该是"关键的细节决定成败"，并非所有细节都要在模型阶段进行展现。

如果你的原型是给客户提案用的，那么这个时候要尽可能的详细。因为你希望客户能够说一句："这就是我想要的，就照着这个去做就可以了。"有了客户的确认，你才能放心地去制作和开发，才不会在最后面对客户的一句："这不是我们开始说的啊？"既然客户是消费者，那么就一定要尽量让他们在开始阶段就了解到自己买了什么东西。笔者强烈建议在进行互联网开发工作的时候，能够在合同之外附上客户确认的高保真原型图，以给项目的最终审批设定一个双方共同认可的标杆，避免损失和误解。

最后，最重要的一点，也是建议：如果你自己做原型的时候都觉得做得太过复杂，想不清楚，那么也就到了适可而止的时候了。毕竟，原型只是表达方式之一，你可以用文字、视频、面对面的交流、比喻、类比，甚至是采用与另外一个网站来直接做对比的方式来把你的想法说清楚。很多伟大的创意和想法不是用 PPT 表达的，那么很多精彩的设计自然也可以不靠原型来展现。

在《网站蓝图——Axure RP 高保真网页原型制作》这本书中，笔者确实提供了一些比较复杂的案例，大量的交互和变量的使用。其实这不是非常必要的。笔者的目的是让用户了解 Axure RP 的一些复杂的功能和对于复杂项目的把握，而并非让大家学会了 Axure RP 这个工具而陷于另外一个制作原型的黑洞。

下面让我们快一点儿开始使用强大的最新版本的 Axure RP 7.0 吧。

作者：吕皓月（阿睡）

开 始 之 前

在开始之前，我们先做如下的说明：

1. 本书使用的是 Axure RP 7.0，英文版。版本号为：7.0.0.3142，下载地址为：http://www.axure.com/download 。目前标准版的价格为 289 美元，包括 5 个许可。请大家支持正版软件，学生用户如果 GPA 达到 3.0 以上，可以免费获得专业版。

2. 所有案例都以 iPhone 5s 为尺寸进行制作，但是同样的方法可以用于任何手机和平板电脑。只需要获取相应手机或者平板电脑的尺寸即可。iPhone 5s 的屏幕尺寸为 640 像素 x1136 像素。在所有的案例中，我们为了制作的方便，在宽度和高度上都进行了折半的处理，所以整个区域为 320 像素 x568 像素。这个尺寸制作的原型可以在真正的 iPhone 5s 上正常进行显示，不影响任何的效果。如果我们要制作一个 iPhone 4s 上的原型，那么只要使用一个 320 像素 x480 像素的区域就好了。

3. 本书着重于移动建模，如果大家对于 Axure RP 完全不熟悉，请大家先阅读笔者的另外一本书《网站蓝图——Axure RP 高保真网页原型制作》，由清华大学出版社出版。该书从入门开始，到复杂的应用，全面地介绍了 Axure RP 软件的功能。

4. 本书所有素材可以在如下的百度云分享链接进行下载，链接如下：
http://pan.baidu.com/s/1bnH9YhT

5：请加微信，查看最新勘误、素材更新信息以及与作者交流。

目 录

01

隆重介绍 Axure RP 7.0

Axure RP 是一款制作网页原型图（或者叫作网页线框图）的软件（prototyping software）。大家可以使用 Axure RP 制作出来逼真的基于 HTML 代码的网站原型，用于评估、需求说明、提案、融资、策划等各种不同的目的。更精彩的是，该原型可以响应用户的点击、鼠标悬停、拖拽，提交表单、超链接等各种事件。除了真实的数据库支持外，它几乎就是一个真正的网站：不仅仅是图片，而是集合了 HTML，CSS，JavaScript 效果的、活生生的网站。使用 Axure RP，能够让你在做出想象中的网站之前，就先体验和使用你的网站！

Axure RP 7.0 终于发布了。一个简单、彩色的新的 Axure Logo 也恰到好处地总结了新版本的最大特点：简单、直观。

如同苹果（Apple）的 iOS 7 操作系统一样，Axure RP 7.0 也作出了革命性的变化。不仅界面变得更加友好，执行的效率也有了很大的改观。在制作复杂、多页面的网站时，运行效率和生成原型的速度

都有了很明显的变化。最可喜的是，Axure RP 7.0 顺应了移动开发的趋势，在原型的制作方面加入了对移动设备（智能手机和平板电脑）的支持。但是一旦你掌握了 PC 端的原型制作方法，制作移动端就是水到渠成的事情。Axure RP 7.0 让你几乎不需要付出额外的心思，就可以在移动原型制作上达到同样的熟练程度。简单来说，只要你曾经使用过之前版本的 Axure RP 软件，那么使用 Axure RP 7.0 就毫不困难。

在本章中，笔者先介绍一下 Axure RP 7.0 的一些精彩的新功能。如果你觉得理解起来比较困难，不用着急，在接下来的章节中我们会使用实例进行详细的介绍。

1.1 更多的事件支持

对于控件，Axure RP 7.0 之前的版本仅支持以下 3 种事件：

* OnClick （单击触发）。
* OnMouseEnter（鼠标进入触发）。
* OnMouseOut（鼠标移出触发）。

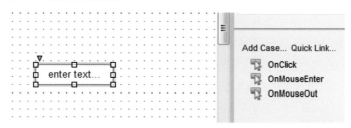

而 Axure RP 7.0 极大地丰富了事件库，同时也对于一些经常在移动端使用的事件做了很好的支持。对于单一控件，Axure RP 7.0 新增了以下事件的支持：

* OnDoubleClick（双击时触发）。
* OnContextMenu（右键单击触发）。
* OnMouseDown（鼠标按钮按下还未抬起时触发）。
* OnMouseUp（鼠标按钮按下抬起的时候触发）。
* OnMouseMove（鼠标在控件上移动时触发）。
* OnMouseHover（鼠标在控件上悬停2秒以上时触发）。
* OnLongClick（点击并且持续按住2秒以上触发——想象一下iPhone的Home键长按的效果）。
* OnKeyDown(键盘按键按下还未抬起时触发)。
* OnKeyUp（键盘按键按下抬起的时候触发）。
* OnMove（控件移动时触发）。

OnShow（控件展现时触发）。

OnHide（控件隐藏时触发）。

OnFocus(控件获得焦点时触发）。

OnLostFocus（控件失去焦点时触发）。

对于页面，除了 OnPageLoad（页面加载时触发）， Axure RP 7.0 新增了以下事件的支持：

- OnWindowResize（页面尺寸发生变化时触发）。

- OnWindowScroll（页面发生滚动时触发——现在可以捕捉到滚动条触发的动作了）。

- OnPageClick（页面被单击时触发）。

- OnPageDoubleClick（页面被双击时触发）。

- OnPageContextMenu（页面被右键单击时触发）。

- OnPageMouseMove（鼠标在页面上移动时触发）。

- OnPageKeyDown（键盘按键按下还未抬起时触发）。

- OnPageKeyUp（键盘按键按下抬起的时候触发）。

- OnAdaptiveViewChange（当自适应视野发生变化时触发——自适应视野变化是指在移动端，手机从竖屏浏览变为横屏浏览）。

- OnAdaptiveViewChange事件能够让我们根据显示设备的尺寸，自适应地加载不同的控件布局以提供最优的用户体验。比如，如果我们发现用户是在PC上访问网站，那么我们就展示桌面版本的网站；如果我们发现用户在平板电脑上浏览网站，我们就展示一个平板电脑版本的网站；而如果我们发现用户在使用手机访问网站，我们就展现一个移动版本的网站。之后我们会用实例来具体说明这个事件。

对于 Dynamic Panel (动态面板)，除了普通控件新增的事件外，Axure RP 7.0 还额外添加了以下事件：

- OnClick（单击触发——以前没有这个事件）。

- OnLoad（动态面板加载时触发）。

- OnSwipeUp（向上滑动时触发——想象在 iPhone 的界面上向上滑动手指）。

- OnSwipeDown（向下滑动时触发）。

- OnScroll（滚动时触发——该滚动是指内嵌在动态面板中的内容发生滚动，而不是页面发生滚动）。

- OnResize（动态面板尺寸发生变化时触发）。

这些新增的事件，能够让我们完成几乎所有在桌面和移动端的原型效果制作。很快大家就会看到通过组合这些看似简单的事件和控件，我们能够实现强大的、逼真的效果。

1.2 快速预览

Axure RP 7.0 可以快速让用户在浏览器中预览当前制作的页面，然后再根据需要动态地生成其他的页面，而不是像之前版本中，每次都会生成所有页面。这大大减少了加载等待的时间。比如，制作一个有上百个页面的原型，Axure RP 7.0 可以让用户飞快地预览当前的工作页面，而之前的版本，在生成原型的时候，要等待所有其他页面加载完成。

1.3 文本输入控件的输入提示

我们经常可以在网站的文本输入控件中看到灰色的提示文字。当输入框获得焦点时，该灰色输入文字消失；失去焦点时，如果用户什么都没有输入，则提示文字还会重新出现。之前实现这个功能需要一定的交互设计和高级的 Axure RP 功能。但是现在，Axure RP 7.0 把这个功能做成了一个控件属性。Text Field（文本输入）和 Text Area（多行文本输入）控件都有这个功能。我们只要选中控件后，在右侧的控件属性区域进行设置就可以了；还可以设置提示文字的颜色和字体。

1.4 丰富的输入控件内容

除了输入文本、密码等常规内容，Axure RP 7.0 对于输入以下的内容做了支持。

- Email：输入Email地址。
- Number：输入数字，这个时候输入控件会变为如右图所示。
- Phone Number：输入电话号码。
- URL：输入超链接地址。
- Search：搜索，这个时候输入控件会变为如右图所示。
- File：上传文件，这个时候输入控件会变为如右图所示。
- 用户在选择好文件后，"未选择文件"部分会变成选择好的文件名。
- Date、Month、Time：年月日，年月和时间。选择后输入控件会分别变成如下的样式。

1.5 新的控件形状

对于类似矩形这样的控件，在 Axure RP 7.0 中可以选择的形状和样式增多了，如心形、水滴、五角星、加号等等常用的页面形状元素。

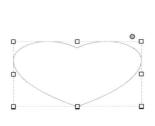

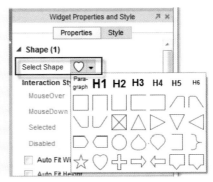

1.6 动态面板的新属性

众所周知，在 AxureRP 中动态面板是一个多么重要的控件。所以，在 Axure RP 7.0 中，对于动态面板也新增了一些功能。

动态面板现在可以选择适应内容。也就是说，动态面板的大小会随着其中内容的变化而变化。针对动态面板的每个状态，可以设置背景颜色和背景图片，如下图所示。

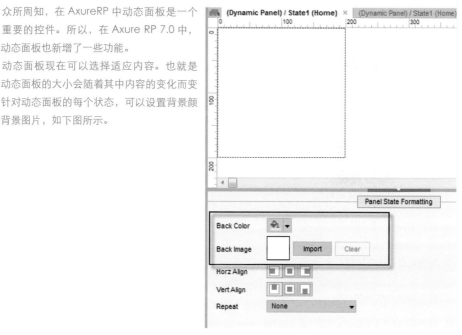

动态面板的宽度可以被设置为 100%。也就是说，可以设置为整个浏览器的宽度。这样当浏览器的宽度发生变化的时候，动态面板也会跟着变化。

动态面板可以触发其中的控件的状态。例如，在动态面板上进行鼠标悬停，那么可以使所有动态面板中的控件显示其鼠标悬停时触发的事件。只需要一个简单的设置就可以实现。

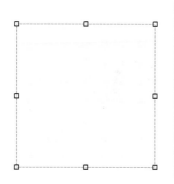
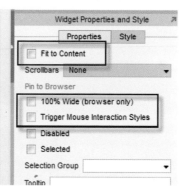

1.7 切割图片

除了将图片切片外，Axure RP 7.0 还可以直接切割图片的某一个部分，如下图所示。

用户可以拖拽选择框，选定后，双击鼠标，选定的区域被保留下来，图片其他的部分就被删除了。

1.8 所有控件都可以被隐藏

在 Axure RP 7.0 之前，只有动态面板可以被隐藏。但是现在，即使是一个单选控件，也可以被设置为"隐藏"状态。

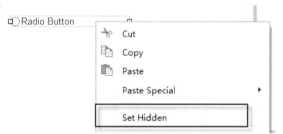

1.9 控件可以被设置为圆角、透明、阴影

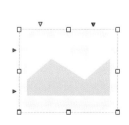

1.10 部件管理区域（Uidget Manager）取代了动态面板管理区域（Dynamic Panel Manager）

在同一个部件管理区域中，可以管理包括动态面板在内的所有当前页面中的部件。

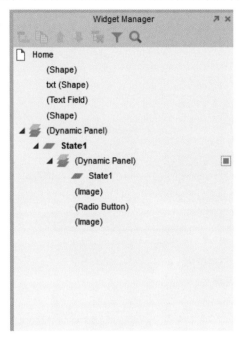

1.11 跨页面的撤销功能

在之前版本的 Axure RP 中，你进行了一个操作，然后切换到另外一个页面进行工作。那么这个时候如果你切换回之前的页面并且企图使用撤销功能（Ctrl+Z），将会发现你无法撤销上一个操作，因为在跳转到另外一个页面的过程中，Axure RP 丢失了你之前操作的记录。但是在 Axure RP 7.0 中，每个页面的撤销操作都是单独记录的。你可以在页面 A 撤销页面 A 的最近的一次操作，也可以在页面 B 撤销页面 B 的最近的一次操作。完全不用担心因为切换了页面而丢失了操作记录。

1.12 全新的部件类型——Repeater（循环列表部件）

这个全新的部件可以用来非常方便地生成由重复Item（条目）组成的列表页面，如商品列表（见下图）、授索结果（如百度的授索结果那样的布局）、联系人列表等。而且，它可以非常方便通过预先设定的事件，对列表进行新增条目、删除条目、编辑条目、排序、分页的操作。

只要是重复元素组成的列表，Repeater 部件就可以大显神威。

RAG & BONE
Classic Newbury 绒面革及踝靴
$704

独家发售

TOGA
流苏绒面革及踝靴
$601

RAG & BONE
Classic Newbury 皮质及踝靴
$606

ISABEL MARANT
Crisi 皮质机车靴
$696

GIANVITO ROSSI
皮质高跟鞋
$624

ACNE
Pistol 羊毛皮衬里皮质及踝靴
$721

1.13 Adaptive View（自适应视野）的支持

对于一个网站，我们可以设定其在浏览器宽度宽于 1024 像素时，显示桌面版本的视野；在宽度宽于 768 像素时，显示平板电脑版本的视野；在宽度宽于 640 像素时，显示手机版本的视野。自适应视野一旦设置成功，系统便会自动根据浏览器的宽度进行选择。

桌面视野

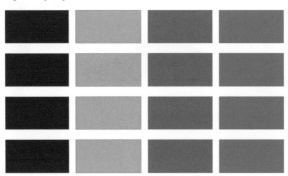

平板视野

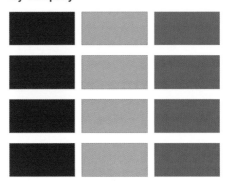

手机视野

1.14 Axure Share 发布平台

之前的项目，只能 Publish（发布）在本地。如果要将网站原型分享给别人，只能通过发送生成的 HTML 文件，或者上传到自己搭建的一个 Web 服务器上去。对于有很多页面的原型来说，这种方法十分的麻烦，而且搭建自己的 Web 服务器也不是一件容易的事情。现在有了 Axure Share 之后，我们可以发布到 Axure 网站提供的服务器上去。Axure RP 7.0 会自动生成一个项目的 URL 地址。将这个地址发送给其他人，他们就可以访问你的原型了。

简单地理解，Axure Share 就是一个 Axure RP 7.0 提供给所有用户的免费 Web 服务器。免费版本支持最多 1000 个项目和 100M 的存储空间。

点击 Publish to Axure Share 按钮 ，你就会看到如下图所示的弹出窗口。

需要注册一个 Axure Share 的账户，大概耗费 2 分钟的时间。然后登录该账户，选择项目名称、项目的访问密码、项目的目录路径就可以将项目发布到 Axure Share 了。发布成功后，Axure RP 7.0 会提示一个连接地址，如下图所示。

复制这个地址给那些你希望看到该原型的用户，就可以迅速地分享了。

笔者建议大家每次都给项目加上一个访问密码，防止你的项目或者想法被别人窃取。

1.15 高亮显示所有有互动事件的部件

在生成原型后的浏览器界面中，我们可以看到如下图所示的一个按钮——Highlight interactive elements（高亮显示所有互动元素）。

选择这个按钮后，原本页面中所有添加了事件的部件都会被带有光晕的颜色高亮显示。

这样，我们就可以很清楚地看到当前页面中哪些部件已经添加了事件，哪些还没有。

1.16 Sitemap 中的变量跟踪器

在生成原型后的浏览器界面中，我们可以看到有一个"X="的图标，在任何时候点击它，就可以看到当前所有变量当前的值。

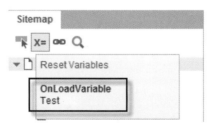

比如，我们看到如右图所示的"OnLoadVariable"这个变量的值就是"Test"。这对于在复杂页面中调试变量非常有帮助。

1.17 界面上的调整

整体来说，Axure RP 7.0 与 Axure RP 6.5 的界面上并没有太大的变化，基本保持原状。这样之前熟悉 Axure RP6.5 的用户就可以很快上手。

Axure RP 7.0 只在以下几个地方发生了一些变化：

1. Axure RP 7.0 去掉了 Page Notes 这个部分。

2. 将部件的属性和样式编辑器跟部件互动事件部分分离了出来。

3. 将动态面板管理区域变成了部件管理区域。从此我们可以在这里编辑所有的部件，而不仅仅是动态面板。

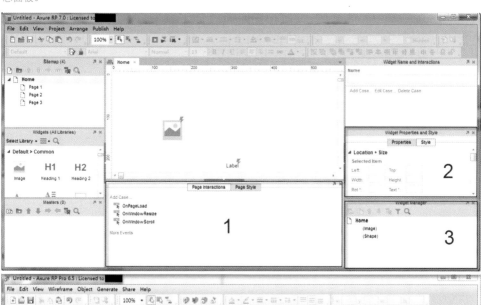

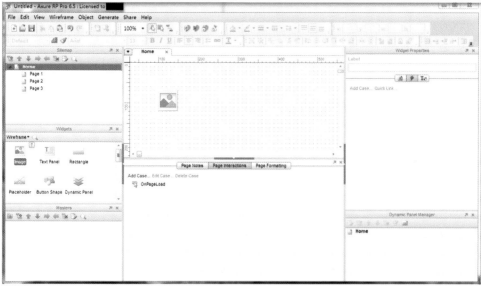

1.18 预置参数的添加

与之前的版本相比，Axure RP 7.0 增加了许多新的预置的参数。当我们打开公式编辑器的时候，可以看到如下图所示界面。

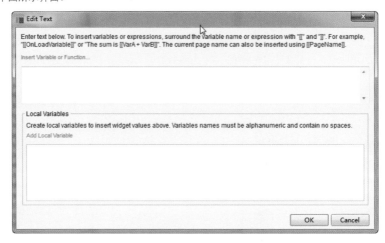

点击"Intert Variable Function..."就可以看到如下图所示窗口。

这里，Axure RP 7.0 预置了很多参数及公式。比如，上图中的 Windows.width 就可以直接获得当前窗口的宽度，Window.scrollX 可以获得当前在水平方向滚动的距离，而 Cursor.x 则可以获得当前鼠标的横坐标位置。在之后的案例中我们会使用这些预置的参数完成原型的制作。

02

Axure RP 7.0 的基本操作

有些用户可能是第一次使用Axure RP，笔者建议新用户可以先看笔者的另外一本书《网站蓝图——Axure RP 高保真网页原型制作》，由清华大学出版社出版。不过在此，我们也再简单地介绍一下 Axure RP 的一些基本操作。

2.1 界面介绍

首先，来介绍一下 Axure RP 7.0 的界面，我们把整个界面区域分为如下图所示的 9 个区域。

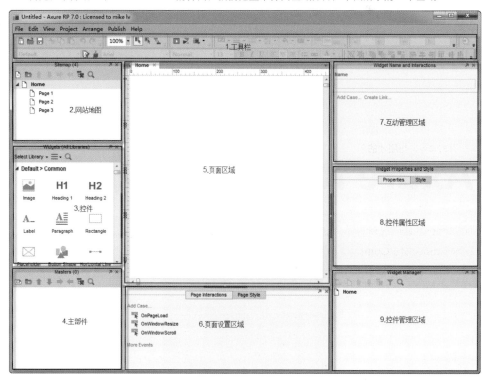

1. 工具栏

Axure RP 7.0 的工具栏与大家熟悉的 Office 的布局和图标类似，大部分都是自说明的，我们在此就不再赘述了。唯一要介绍一下的是如右图所示的三个按钮，因为它们比较常用。

最左边的是"Preview（预览）"功能，就是将当前的原型在浏览器中进行预览。默认情况下会在系统默认的浏览器中打开。

中间的是"Publish to Axure Share（发布到 Axure Share）"。之前的 Axure RP 版本，只能 Publish（发布）在本地。如果要将网站原型分享给别人，只能通过发送生成的 HTML 文件，或者上传到自己搭建的一个 Web 服务器上去。对于有很多页面的原型或者搭建自己的 Web 服务器来说，都不是一件容易的事情。现在有了 Axure Share 之后，可以发布到 Axure 网站提供的服务器上去。Axure RP 7.0 会自动生成一个项目的 URL 地址。将这个地址发送给其他人，他们就可以访问你的原型了。

之前说过，简单的理解，Axure Share 就是一个 Axure 提供给所有用户的一个免费的 Web 服务器。免费版本支持最多 1000 个项目和 100M 的存储空间。

只需按下 Publish to Axure Share 按钮，就会将当前的页面发布到 Axure Share。

点击最右边的按钮后，会出现如下图所示的菜单，我们一个一个来介绍一下。

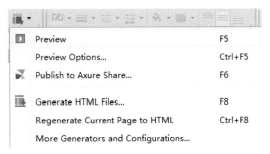

- Preview：与刚才的预览按钮功能相同。
- Preview Options：让我们设置一些控制生成原型的参数。比如，在哪个浏览器中打开，是否要生成网站地图等。
- Publish to Axure Share：与刚才中间的发布到Axure Share按钮的功能相同。
- Generate HTML Files：将项目生成为HTML代码。
- Regenerate Current Page to HTML：这个功能只把当前页面重新生成HTML，而Generate HTML Files的功能是将整个网站生成原型。所以，当你只修改了当前页面的一些细节，而不是整个网站的话，使用这个按钮会更加高效。因为有的时候，当页面数量特别多的话，如果仅仅修改一点儿细节就重新生成整个项目会很浪费时间。
- More Generators and Configurations：通过这个功能，我们可以创建多个Generator（生成器）。比如，一个生成器用来在Safari浏览器中生成HTML代码，存储在"项目1"这样的目录中，带有网站地图，绿色的Logo；另外一个生成器用来生成在移动设备上查看的原型，存储在"移动项目1"这样的目录中，没有网站地图，红色的Logo。

2. 网站地图（Sitemap）

这个区域会列出当前站点的站点地图。站点地图是树状的，以 Home（首页）为根节点。

以后我们要编辑某个页面的时候，只要在站点地图区域找到这个页面，然后双击，这个页面就会出现在页面区域中等候编辑，如下图所示。

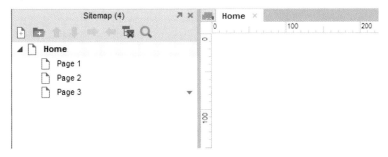

当我们要修改一个页面名称的时候，只要再重复单击某个页面，然后输入新的名称就可以了，如下图所示。

鼠标悬停在某个页面上，会显示一个小的预览图，如下图所示。

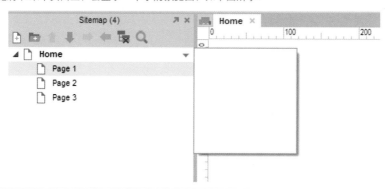

这里要注意，在删除站点地图当中的一个 page（页面）的时候，是不可恢复的，所以一定要小心。

要新建一个页面，只要点击加号按钮就可以了。这个时候，一个新创建的页面就会出现在当前选中的页面的同级页面，如下图所示。在点击加号之前我们选中的页面是 Home 页面，所以新添加的页面自动成为了 Home 页面的同级页面。

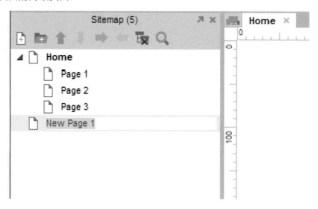

我们还可以创建一个页面目录，把一些页面装进目录中，方便管理，如下图所示。

如果要改变一个页面的上下顺序，那么选中一个页面后，选择蓝色的箭头进行调整就可以了。蓝色的上下箭头仅仅会改变一个页面在"兄弟"中的排行，而不会改变它的级别。需要改变一个页面的级别，我们需要使用绿色的横向箭头。

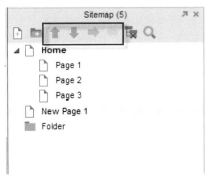

在进行复杂页面的编辑的时候，建议大家先创建一个站点地图，也就是说把网站的整体结构先都规划好，然后再进行单独页面的编辑，这样比较高效。因为如果在后期添加页面，必然会影响到之前的页面结构，修改起来的成本也会高很多。

3. 控件（Widget）

控件有时候也可以称为部件。控件是 Axure RP 已经预先定义好的一些页面的基本元素，如 Image（图片）、Label（文本）、Rectangle（矩形）、Button Shape（形状按钮）等。首先，把控件添加到页面中的方式就是拖拽某个控件到页面中，类似如下图所示的方式。

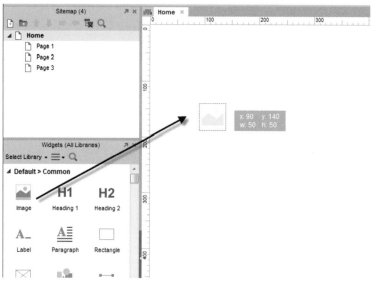

Axure RP 7.0 已经将一些常用的控件进行了分库（Library）。我们可以通过下拉列表进行选择，如下图所示。

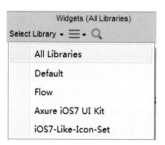

Axure RP 7.0 默认存在的两个控件库为 Default 线框图控件库和 Flow 流程图控件库。大家可以看到笔者手动添加的 Axure iOS7 UI Kit 和 iOS7-Like-Icon-Set，显然这两个控件库是用于 iOS 建模的。

点击"Select Library"旁边的菜单可以看到如下图所示的弹出窗口。

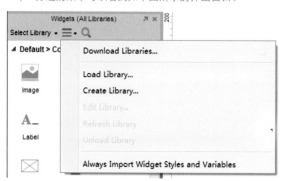

我们可以下载控件库、加载控件库和创建控件库。在之后的章节中，笔者会告诉大家如何加载其他的控件库，如很酷的 iOS 控件库。

下面我们先介绍一下控件库中常用的控件。我们之后 90% 的时间都是在与这些控件打交道。

【Image】图片控件。你可以导入任何尺寸的 JPG、GIF、PNG 图片。Axure RP 对于图片的支持是非常强大的。我们还可以导入一张大的图片到 Axure RP 中，然后使用 Axure RP 的切图片功能将它切成若干个更符合页面布局的小图片。

【H1】和【H2】控件。用于输入标题文本。

H1	H2
Heading 1	Heading 2

【Label】和【Paragraph】控件。用于输入普通的文字和文字段落。

Label	Paragraph

【Rectangle】矩形控件。矩形控件是一个矩形，它可以用来做很多工作，比如页面上一块蓝色的背景，就可以是一个填充为蓝色的矩形控件；页面上一个有边框的区域，就可以是一个填充为透明的矩形控件；矩形控件甚至可以用来制作文字链。它将是我们最常用的控件之一。矩形控件还可以被变化为三角形控件或者椭圆形控件而使它看起来"不那么矩形"。总之，矩形控件是一个很好用的控件。

Rectangle

【Placeholder】占位符控件。当我们需要在页面上预留一块区域，但是还没有想清楚这块区域中到底要放什么内容的时候，我们可以先放一个占位符控件。

Placeholder

【Button Shape】形状按钮。形状按钮与按钮类似，但是有一些特殊的功能。比如，像 Tab 一样的按钮、特殊形状的按钮、支持鼠标悬停改变样式的按钮。可以说形状按钮结合了 Button 和 Rectangle 控件的优点。我们可以把多个形状按钮分配为一组，并且为它们的"选中"和"非选中"选择不同的状态，这样我们就可以做到让一个按钮按下去的时候，其他的按钮都"弹"起来的效果。想想我们经常使用的网站的主导航，是不是当一个导航标签被选中的时候，它会变成一个比较深的颜色？而当另外一个标签被选中的时候，刚才那个就自动恢复到正常的颜色？

Button Shape

【Horizontal Line】和【Vertical Line】水平分割线和垂直分割线。当我们要在视觉上分隔一些区域的时候，就要使用这两个控件了。

Horizontal Line   Vertical Line

【Hot Spot】热区控件。用于生成一个隐形的，但是可点击的区域。这个类似于之前版本 Axure RP 中的 Image Map 控件。

Hot Spot

【Dynamic Panel】动态面板控件。动态面板控件是 Axure RP 中功能最强大的控件，是一个化腐朽为神奇的控件。通过这个控件，我们可以实现很多其他原型软件不能够实现的动态效果。动态面板可以被简单地看作是拥有很多种不同状态的一个超级控件。我们可以通过事件来选择显示动态面板的相应状态。简单来说，我们可以创建一个拥有 12 个状态的动态面板控件，每个状态对应一个月份（就像一本挂历一样）。然后我们通过当前时间来决定到底显示哪个月份。在 Axure RP 中，动态面板控件显示为淡蓝色背景。动态面板控件在默认状态下会显示第一个状态中的内容。对于熟悉 Photoshop 的用户来说，动态面板像是一个动态的"图层组"，每个图层组可以有多个图层，而每个图层可以放置不同的内容。

另外，在动态面板控件中可以包含其他的控件。

Dynamic Panel

【Inline Frame】行内框架控件。行内框架控件就是我们常说的 iFrame 控件。iFrame 是 HTML 的一个控件，用于在一个页面中显示另外一个页面。在 Axure RP 7.0 中，使用 Inline Frame 控件可以引用任何一个以"Http://"开头的 URL 所标示的内容，如一张图片、一个网站、一个 Flash，只要能用 URL 标示就可以。

Inline Frame

【Repeater】循环列表控件。这个全新的控件可以用来非常方便地生成由重复 Item（条目）组成的列表页面，如商品列表、联系人列表等。并且可以非常方便地通过预先设定的事件，对列表进行新增条目、删除条目、编辑条目、排序、分页的操作。

02

Repeater

【Text Field】输入框控件。这是一个在所有常见的页面中用来接受用户输入的控件，但是仅能接收单行的文本输入。

Text Field

【Text Area】文本区域控件。用于在页面上接受用户的多行的文本输入。

Text Area

【Droplist】下拉列表控件。用于在页面中让用户从一些值中进行选择，而不是随意输入。

Droplist

【List Box】列表控件。列表控件一般在页面中显示多个供用户输入的选择，用户可以多选。

List Box

【Checkbox】复选框控件。用于让用户从多个选择中选择多个内容。

Checkbox

【Radio Button】单选框控件。用于让用户从多个选择中单选内容。我们要先为这多个选择创建一个 Radio Group，这样 Axure RP 才知道哪些 Radio Button 是同一组的，从而避免让用户多选。

Radio Button

【HTML Button】基于 HTML 的提交页面的按钮。这个控件很普通，没有额外的样式可供选择。

SUBMIT

HTML Button

【Tree】树控件。用于创建一个树形目录，如下图所示。

> ⊟ 1
>> 1-1
>> 1-2
>> 1-3
> ⊟ 2
>> 2-1
>> 2-2

【Table】表格控件。在页面上显示表格化的数据的时候，最好使用表格控件。

Column 1	Column 2	Column 3

【Classic Menu-Horizontal】和【Classic Menu-Vertical】，经典的横向和纵向菜单。

			Item 1
			Item 2
File	Edit	View	Item 3

除了以上所有的控件的介绍，我们再介绍一下控件的一些常见属性，如下表所示。

属性名称	属性说明	属性举例
名称	用来标示控件的名称，在 Axure RP 中，控件名称并不是唯一的。也就是说，你可以在页面中同时有两个控件都叫"userName"。但是笔者不建议大家这么做。一般来说，我们会按照以下命名规则来对控件进行命名，方便大家查找：【控件类型】+【控件描述】。比如，对于一个矩形控件，其将被用作菜单，那么我们就命名为"rectMenu1"	**Widget Name and Interactions** ↗ × **Shape Name** rectMenu1 Add Case... Create Link... OnClick OnMouseEnter OnMouseOut More Events
坐标	用于确定控件在页面中的位置。页面的坐标以左上角为 X0：Y0	x: 310 y: 350
尺寸	控件本身的尺寸	w: 200 h: 100
字体	控件所使用的显示字体。并非所有控件都有，只有 Text 相关的控件才有	微软雅黑 ▼
字体大小	字体的尺寸大小	13 ▼
字体样式	黑体，斜体，下画线	**B** *I* U
字体对齐	左对齐，居中对齐，右对齐，上对齐，下对其，中间对齐	≡ ≡ ≡ ≡ ≡ ≡

属性名称	属性说明	属性举例
字体颜色	字体的颜色	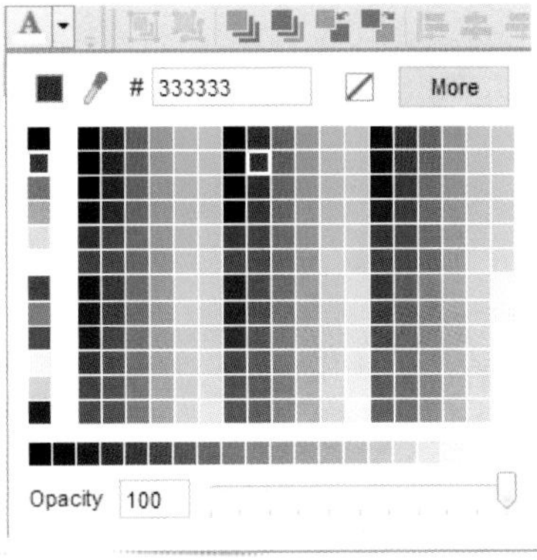
边框颜色	控件所具有的边框的颜色	
边框粗细	控件所具有的边框的粗细	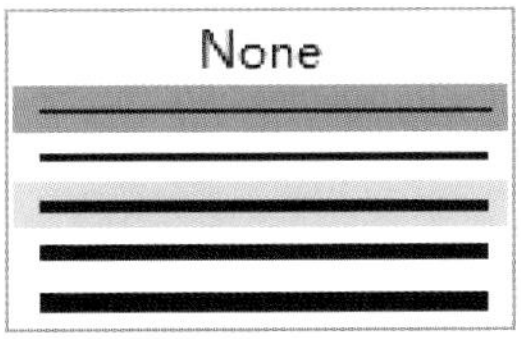
边框样式	边框的样式，是实线，还是虚线	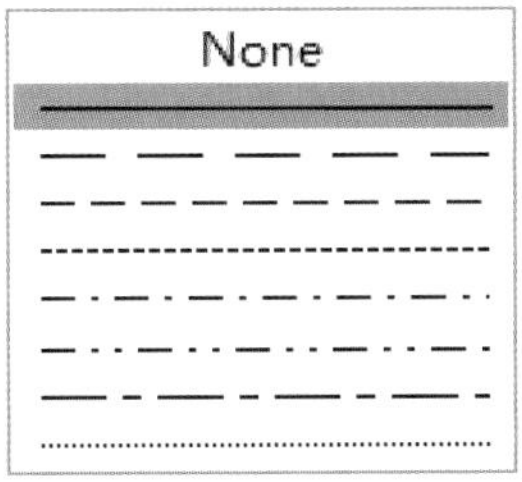

属性名称	属性说明	属性举例
填充颜色	填充控件的颜色，如矩形控件	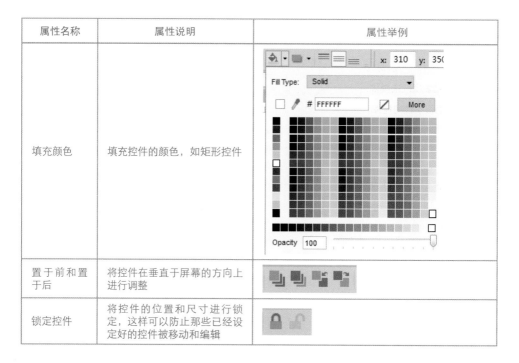
置于前和置于后	将控件在垂直于屏幕的方向上进行调整	
锁定控件	将控件的位置和尺寸进行锁定，这样可以防止那些已经设定好的控件被移动和编辑	

所以，当我们在书中提到，按如下的属性添加一个控件到页面中的时候：

控件名称	控件种类	坐标	尺寸	文本	填充色	边框色
rectMenu1	Rectangle	X162:Y700	W80:H46	菜单 1	#CCCCCC	无边框

我们指的就是把一个矩形控件拖拽到页面区域中，将其命名为"rectMenu1"，位置在X162、Y700的位置，它的尺寸是 80x46，文本内容是"菜单 1"，填充颜色设置为一个浅灰色，边框的颜色设置 为没有边框。

之后我们就会使用如上所示的表格来描述一个控件的添加过程，节省笔墨。

4. 主控件（Masters）

主控件是一些重复使用的模块。比如，一个网站的一级导航会在多个页面当中反复使用，那么把它们制作成为主控件，不但可以方便使用，而且可以方便修改。比如想在导航上面多加一个栏目，如果不使用主控件，那么就要修改每个页面的导航。而使用了主控件之后，我们只要修改主控件，那么所有引用这个导航主控件的页面都会自动地更新。我们之后的项目中会大量使用主控件以节约更新的工作量。一般来说，一个页面项目的如下部分可以制作为主控件。

- 导航。

- 网站header（头部），包括网站的logo。

- 网站footer（尾部）。

- 经常重复出现的模块，如分享按钮。

- Tab面板切换的控件，在不同的页面，同一个Tab面板有不同的呈现。

- 手机导航的部分。

Axure RP 中有一个仅针对主控件的特殊的事件叫作 Raise Event。这个事件允许同一个主控件在不同的页面响应相同的事件的时候，能够有不同的表现。比如，一个主控件的按钮在 A 页面中点击后会弹出"这是 A 页面"的说明；而在 B 页面中点击后会弹出"这是 B 页面"的说明。因为我们很少在移动建模中使用这个功能，所以在本书中不包括对于 Raise Event 事件的介绍。有兴趣的读者可以参考 Axure 网站上的使用说明。

5. 页面（Pages）

页面区域就是显示各个页面的内容的区域，也就是将要被生成为 HTML 的区域。放置在这个区域的各种控件将会生成为 HTML 出现在原型中。

页面区域默认是会显示标尺的。标尺的刻度是像素。所以如果你要针对 1024x768 的显示器开发网站的话，要注意网站的总的宽度不能超过 1024。

页面区域的圆点就是左上角，这里的坐标是 X0：Y0，如下图所示。

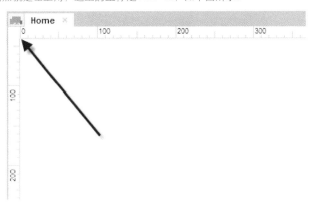

关于页面区域，我们要着重介绍一下参考线的创建。

我们在页面区域的空白部分单击鼠标右键，在弹出的菜单中选择"Grid and Guides（网格与参考线）"命令，然后再选择"Create Guides（创建参考线）"命令。

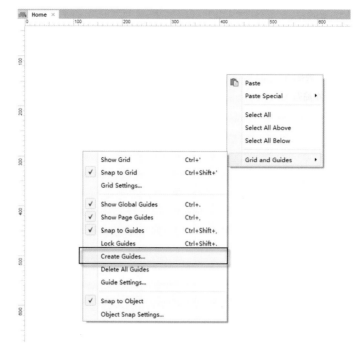

然后会弹出如下图所示的窗口。

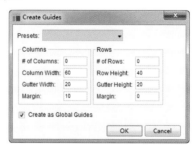

初次看到这个弹出窗口有些莫名其妙，我们依次解释一下。首先说明，参考线的创建是按照分栏的模式来考虑的。比如，熟悉网站设计的人会知道，一般网站有 2 栏模式、3 栏模式、甚至 4 栏、5 栏模式。所以参考线也是这么考虑的。

先看 Presets（预设）部分，可以看到我们有四个选项：

960 grid: 12 column（宽度为 960 的，12 列的布局）。

960 grid: 16 column（宽度为 960 的，16 列的布局）。

1200 grid: 12 column（宽度为 1200 的，12 列的布局）。

1200 grid: 16 column（宽度为 1200 的，16 列的布局）。

当选择这些预设的选项的时候，Axure RP 7.0 会按照用户选择的参数自动创建参考线。如果用户勾选了 "Create as Global Guides（创建为全局参考线）"，那么该参考线将出现在所有的页面上。如果没有勾选这个按钮，那么参考线就仅会出现在当前页面。

然后看一下设置都有哪些：

- # of Columns:一共有几列。
- Column Width：列的宽度。
- Gutter Width：列与列之间的距离。
- Margin：整个布局两侧的留白。
- # Of Rows:一共有几行。
- Rows Height：行的宽度。
- Gutter Height：行与行之间的距离。
- Margin：整个布局上下的留白。

比如，我们创建一个一共有 3 列的，每列宽 100，列与列之间距离 20，两侧留白为 10 的全局参考线布局，那么参数设置如下图所示。

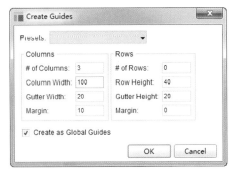

注意一定要选中 "Create as Global Guides"，否则创建出来的参考线就是页面参考线，而不是全局参考线了。 全局参考线非常有用，它们可以保证用户在每个页面上创建的元素的位置都是正确的。

出来的效果如下图所示。

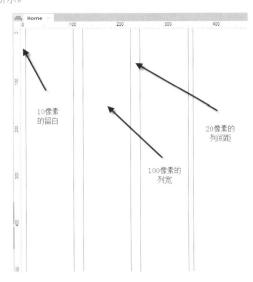

大家可以看到一下子创建了 7 根参考线。有的读者会问，如果只想创建 1 根全局参考线怎么办呢？很简单，可以把 # of Columns 设置为 1，然后把创建出来的 4 根参考线删除 3 根，就可以了。删除参考线的操作很简单，右键单击参考线，然后选择 delete 命令。还可以锁定一根参考线，以防止在工作的时候意外地选中参考线。

如果仅是创建一个当前页面的参考线，只要将鼠标放在标尺中，进行拖拽就可以了；可以拖出一根青蓝色的参考线，它仅用于当前页面，而全局参考线是紫红色的。

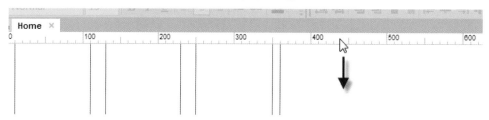

参考线对于页面的对齐和边界的划定非常有用。尤其在针对多个不同屏幕尺寸开发移动应用的时候，知道每个设备的边界是非常重要的。

6. 页面设置区域（Page Interactions Page Style）

页面设置区域用来设置页面级别的互动及当前页面的风格属性。

页面的互动（Page Interactions）包括以下几个，我们介绍一下：

- OnPageLoad：页面加载完成之后触发的事件。可以用来设置空间的初始状态、参数的初始状态等。
- OnWindowResize：当页面尺寸发生变化的时候触发。比如，用户缩小页面的时候，对页面布局进行一些调整。想象一下类似pinterest.com一样的页面，当你修改页面的宽度的时候，页面的布局就会变化。
- OnWindowScroll：当页面滚动的时候触发的事件。我们能想到的最直接的页面滚动的时候触发的事件，就是滚动的时候动态加载页面了。
- OnPageClick：当页面被点击时触发。
- OnPageDoubleClick：当页面被双击时触发。
- OnPageContextMenu：当页面被右键单击时触发。
- OnPageMouseMove：当鼠标在页面上方移动时触发。
- OnPageKeyDown：当用户在页面上按下按键时触发。

- OnPageKeyUp：当用户在页面上按下按键弹起时触发。
- OnAdaptiveViewChange：当自适应视野发生变化时触发。自适应视野变化是指在移动端，手机从竖屏浏览变为横屏浏览。

在之后的例子中，我们会用到上述事件中的一个或者几个。

页面风格（Page Style）包括页面的背景色、背景图片、对齐方式等内容。一个很有趣的效果是Sketch Effects（速写效果）。比如我们在页面中添加一个矩形控件，在不设置速写效果的时候，它看起来是这样的：

如果我们把速写效果调整到 50，你会看到如下图所示的效果：

有时候你想给大家一个眼前一亮的作品或者想表达一种草稿的感觉，就可以修改这个参数来做到。

7. 互动管理区域（Widget Name and Interactions）

这个部分管理一个控件的事件。完整的事件列表我们就不复述了。要提到的一点是事件支持复制和粘贴。也就是我们可以把控件 1 的 OnClick 事件的内容，复制到控件 2 的 OnClick 事件里面去。这个功能在创建多个同样的事件的时候非常有用。

8. 控件属性区域（Widget Properties and Style ）

这个部分用来设置控件的形状，对其禁用还是启用，选择组、工具提示、填充颜色等内容。基本在很多时候，我们可以通过工具栏和鼠标右键来完成很多这个属性区域的工作。

9. 控件管理区域（Widget Manager）

控件管理区域会列出所有当前页面中的控件。包括控件的名称和种类，如下图所示。

我们可以看到页面中共有 2 个矩形控件，1 个动态面板控件，一个 Image 控件，一个热区控件和一个文本输入框控件。2 个矩形控件的名称分别是 1 和 2。

有时候针对复杂的页面，有很多控件，这个时候我们可以选择暂时先把部分动态面板控件隐藏（其实还存在于页面中，只是隐藏了。在生成的页面中仍然可以看见这个动态面板），以使编辑区看起来更加干净。只要点击动态面板控件右侧的蓝色小方框就可以了。

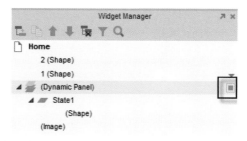

同样地，可以使用控件过滤功能来仅显示某个种类的控件，比如仅显示动态面板，或者命名的、未命名的。当然，搜索可能会更简单只需输入种类或者控件名称就可以了。

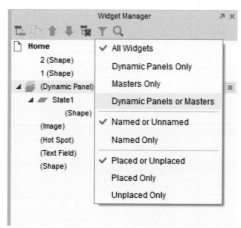

2.2 添加事件

下面我们着重介绍如何添加 Events（事件）。

当我们选中一个控件的时候，在互动管理区域就可以添加新的事件了。只要双击一个事件名称即可。

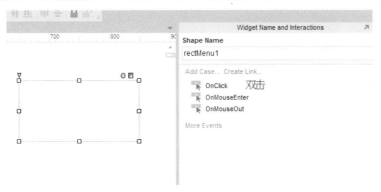

就会出现如下图所示的"Case Editor（用例编辑器）"。

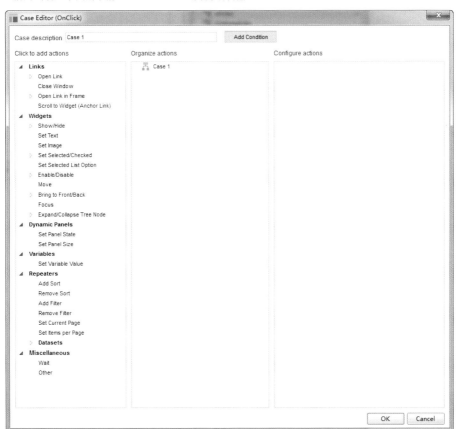

在这里我们介绍一下事件、用例和动作的区别。

一个事件可以包含很多用例（case），一个用例又可以包含很多动作（action）。不同的用例，如 case1、case2 是不会同时发生的，它们都有自己各自发生的条件。比如，case1 处理下雨时候我们穿什么鞋子，case2 处理晴天时候我们穿什么鞋子。要么下雨，要么晴天，但是不会又下雨又晴天。

再比如，打篮球是一个事件，我们为这个事件包准备了以下几个用例，每个用例又包含了不同的动作。

事件：打篮球	
用例（case）	动作（action）
用例 1 发生条件：下雨	1. 打电话给体育馆预定位置
	2. 通知所有人体育馆的地点
	3. 随身带雨伞
	4. 乘地铁去体育馆
	5. 买体院馆门票
用例 2 发生条件：晴天	1. 去公园打篮球
	2. 通知所有人去公园
	3. 开车去公园
	4. 买公园门票

一般来说，我们可以指派 Condition（条件）来让 Axure RP 自动判断应该执行哪个用例。但是如果我们没有指派任何条件，又添加了多于一个的用例，那么在运行过程中，Axure RP 就会询问我们要执行哪个用例。如下图所示，我们为这个矩形的 OnClick 事件添加了两个用例，分别为用例 1 和用例 2。当我们点击矩形的时候，就会弹出一个工具条让我们选择到底要执行哪个用例。

为控件添加一个事件有以下几个简单的步骤。其实在 Axure RP 的实际操作中，添加事件非常容易。

第一步：给事件的一个用例添加一个清晰明白的描述，一句话说明这个用例是用来做什么的。如果不清楚，那么制作复杂的交互的时候，用例多了就会变得很乱。

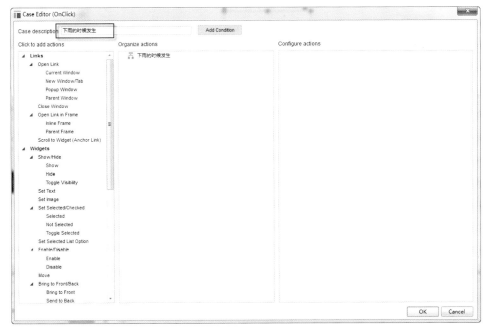

第二步：给用例添加条件。也就是在满足什么条件的前提下，才执行这个用例。

点击"Add Condition（添加条件）"就会出现如下图所示的条件编辑器窗口（当然我们也可以不添加条件）。

我们把以上区域分成 7 个部分进行讲解，如下图所示。

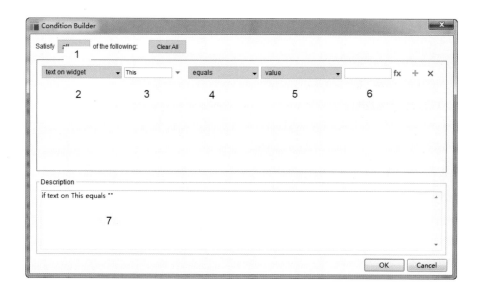

第 1 部分是确定条件之间的逻辑关系。有"与"和"或"两种选择。如果选择"all"，那么必须同时满足所有条件编辑器中的条件，用例才有可能发生；如果选择了"any"，那么只要满足所有条件编辑器中的条件中的任何一个，用例就会发生。

第 2 部分用来选择进行逻辑判断的值的是哪个。有以下几种选择值的方式：

- Value：输入一个具体的值，用于之后的比较。

- value of variable：变量的值。让读者能够根据一个变量的值来进行逻辑判断。比如，我们可以添加一个变量叫作date，并且判断只有当date等于11月1日的时候，才发生Happy Birthday的用例。

- length of variable value：变量的长度。这个功能非常有用，尤其在验证表单的时候，如果我们要验证用户是否已经输入了内容，就要用到这个功能了。

- text on widget：某个控件的文本。大部分时候都用来获取某个文本输入框Text Field的值。比如，验证用户是否输入了正确的Email等。

- text on focused widget：当前获得焦点的控件的文本。这个功能在制作根据用户输入的值进行实时的判断并且进行提示的功能的时候，非常有用。

- length of widget value：控件文本的长度。与tength of variable value类似，只是这次判断的是某个控件的文本的长度，而不是变量的长度。

- selected option of：用来根据用户选择的下拉列表中的某个选项来进行逻辑判断的。

- ls selected of：某个控件是否被选中。

- state of panel：某个动态面板的状态。根据动态面板的状态来判断是否执行某个用例。

- visibility of Widget：某个控件的可视状态。根据某个控件是隐藏还是出现进行判断。

- Key Pressed：根据按下的键来判断是否执行某个用例。
- Cursor：根据鼠标的光标的位置来判断。
- area of widget：根据一个控件所在的区域进行判断。
- Adaptive View：根据当前显示的是哪一个自适应视图进行判断。

我们可以根据判断逻辑的需要，选择上面的任何一个值的来源进行操作。

第 3 部分是根据第 2 部分中选择的方式，确定变量名称或者控件的名称。比如，第 2 部分中选择了 value of variable，那么在第 3 部分中我们就要选择到底是哪个 variable；如果第 2 部分中选择了 state of panel，那么在第 3 部分中我们就要选择 panel 的名字。注意在第 3 部分中，我们可以根据需要添加新的变量。

第 4 部分是逻辑判断的运算符，可以选择等于、大于、小于等条件。要注意的是，有 contains 和 does not contain 两个选项。也就是说我们可以判断包含关系。比如，congregation 中间包含了字母 e，而 book 中间没有包含字母 e。这个常用的功能可以用来判断用户输入的 Email 值中是否包含 "@" 符号，或者手机号中是否包含了 "136" "138" 等常用前缀。

第 5 部分是选择用来被比较的值。也就是用来跟第 2 部分中的值做比较的那个值。选择的方式跟第 2 部分的一样。

第 6 部分是输入框，如果读者在第 5 部分中选择了 "value" 的话，那么读者要在这里输入 value 的具体的值。跟第 3 部分的输入内容是对应的。

第 7 部分是逻辑描述，Axure RP 会根据用户在前面几部分中的输入，生成一段描述，让用户判断是否条件是逻辑正确的。

右上角的 fx 键，可以让用户在输入值的时候，使用一些常规的函数，如获取日期、截断和获取字符串、预置的参数等。这部分功能用到的非常少，我们先不赘述。之后在项目当中有需要的时候，我们再回头解释。绿色的加号和红色的叉号分别用于新增和删除条件。

第三步：添加完条件后，就是选择动作了。如下图所示的区域是我们能够选择的所有的动作的，我们分别介绍一下。

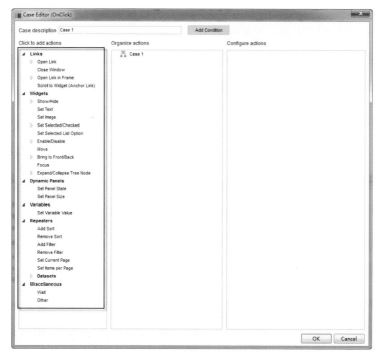

第一类：Links（链接）

- Open Link：打开链接。包括在当前窗口中打开链接，在新窗口或者标签页中打开链接，在弹出窗口中打开链接（可以设置弹出窗口是否包括浏览器的工具栏、菜单等元素），在父窗口中打开链接。

- Close Window：关闭当前窗口。

- Open Link In Frame：在框架中打开链接。包括在行内框架中打开链接和父框架中打开链接。

- Scroll to Widget （Anchor Link）滚动到某个控件，像锚链接一样。通过这个功能，我们可以做页面内滚动，就像锚链接一样。

第二类：Widgets（控件）：

- Show/Hide显示/隐藏。可以通过动作显示和隐藏一个控件，还可以设置让控件在显示和隐藏之间交替（Toggle Visibility）。

- Set Text设置文本。设置一个控件的显示文本。

- Set Image设置图片。动态地设置一个Image控件的显示图片。但是我们并不能动态地将一个图片的URL指定给一个Image控件，也是要通过预先导入的方式来设定图片。

- Set Selected/Checked：设置一个控件的选中状态。

- Set Selected List Option：设置一个下拉列表控件的选中状态。

- Enable/Disable：设置一个控件的启用和禁用状态。

- Move：移动一个控件到一个具体的位置或者在横向和纵向上将一个控件移动多少像素。

- Bring to Front/Back：将一个控件在垂直于屏幕的方向上向前移动或者向后移动。
- Focus：将焦点设置到某一个控件上。
- Expand/Collapse Tree Node：展开或者折叠一个树控件的所有节点。

第三类：Dynamic Panel（动态面板）

- Set Panel State：设置面板状态。将一个动态面板设置到一个指定的状态。
- Set Panel Size：设置面板尺寸。将一个动态面板设置到一个固定的尺寸。

第四类：Variables（变量）

- Set Variable Value：设置变量值。在这个选项下面，还可以添加新的变量。
- Repeaters：循环列表控件。
- Add Sort：为列表添加排序功能。
- Remove Sort：为列表移除排序功能。
- Add Filter：为列表添加过滤功能。
- Remove Filter：为列表移除过滤功能。
- Set Current Page：设定当前选中页面。
- Set Items per Page：设定每页显示多少个元素。比如一页20个，或者一页50个。

第五类：Dataset（数据集）

- Add Rows：添加行。
- Mark Rows：标示行。
- Unmark Rows：反标示行。
- Update Rows：更新行。
- Delete Rows：删除行。

第六类：Miscellaneous（其他）

- Wait：等待。原型什么也不做，等待一段时间。比如，我们可以设定页面在加载一段时间后，再打开某个部分。
- Other：其他。包括其他任何Axure RP不支持的，但是用户希望未来的网站能够支持的功能。这里其实不是一个动作，而是一个描述。比如，用户希望告诉开发者，在点击某个按钮的时候，就播放一个声音，那么就可以选择Other，然后在描述里面说明要播放什么声音。

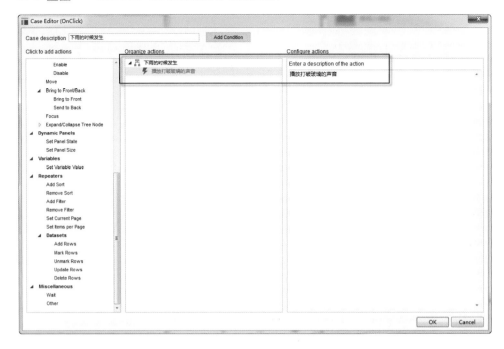

第四步：管理动作。

在中间的一栏里面，会列出当前用例所有已经添加的动作。我们可以通过拖拽的方式来修改动作的顺序，也可以删除一个动作。如下图所示，我们可以拖拽一个动作，在出现蓝色横线的地方将它放下，从而修改动作的位置。

第五步：设置动作参数。

对每一个在第三步中选择的动作，都需要设定和输入一些参数。比如，对于 Links 部分来说，如果是打开一个页面，那么就要参数部分选择这个页面，或者输入这个页面的 URL。

如果我们选择了隐藏一个控件，那么在这个步骤中就要选择这控件。如果我们选择了设定一个控件的文本，那么就要在这里输入文本的具体内容。还有一些控制动态面板几个状态直接切换的效果的参数。我们会在具体的例子中介绍这个部分的内容。

最后要介绍的是用例的复制和粘贴。我们选中一个控件的某个用例，然后单击鼠标右键，选择"Copy（复制）"命令。

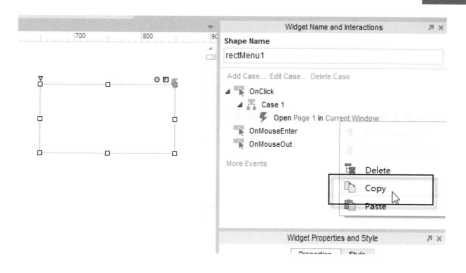

然后，我们选中我们要复制到的那个控件，再选中要复制到的事件，同样地，单击鼠标右键，选择"Paste（粘贴）"命令。

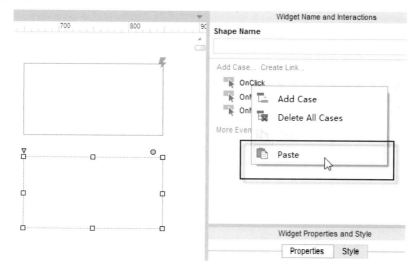

接下来就会看到跟刚才一模一样的一个用例被复制过来了。我们甚至还可以粘贴到不同的事件去。比如，把 OnClick 的用例复制粘贴到 OnMouseEnter 事件中。

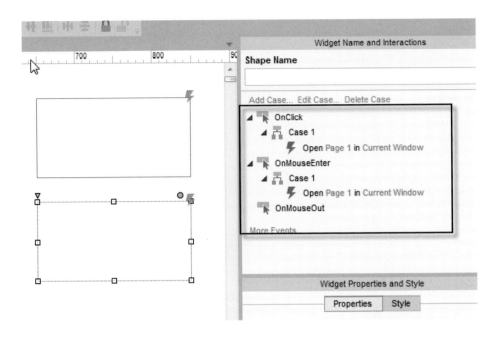

　　这里说明一下，在本书之后的章节中，当我们在书中看到如下图所示的情况时，就知道我们是要向名字为 rectMenu1 的控件添加一个 OnClick 事件，这个事件有一个用例，就是在当前窗口中打开 Page 1 页面。

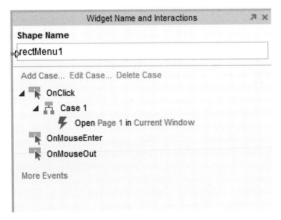

2.3 添加变量

　　添加变量在 Axure RP 7.0 中跟之前的版本中没有太大的区别。我们并不能直接就凭空地添加一个变量，而只能在添加事件的过程中添加一个变量。

我们在用例编辑器中，在左侧选择"Set Variable Value"，然后点击右侧的"Add Variable"链接，如下图所示。

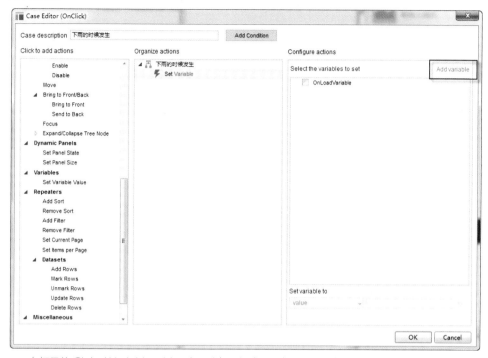

在打开的 Global Variables（全局变量编辑器）中，我们可以看到如下图所示的内容。

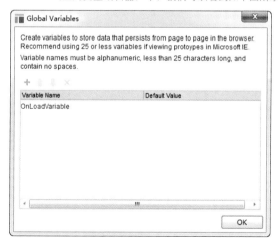

在这里列出了当前所有的全局变量。全局变量，即在这个项目当中，我们可以在任何页面的任何事件中访问这个变量并且获得它的值。而一个非全局的局部变量，就只能在一个事件中被使用。

点击绿色的加号按钮就可以创建一个新的变量并且为它设定一个默认的值。

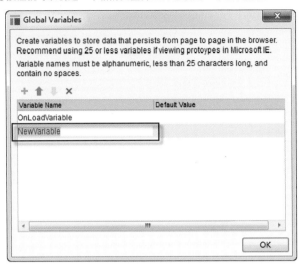

如下图所示，我们创建一个叫作 test 的变量，并且将它的默认值设定为 "1"。然后，我们就可以在事件中使用这个变量。

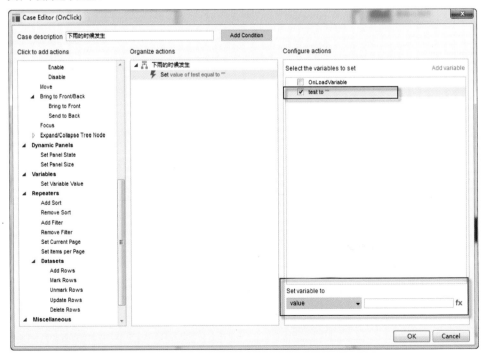

在项目的运行过程中（也就是在浏览器中预览一个项目的时候），如果我们想知道某个变量的当前值，只需要点击界面中的"x="按钮就可以看到当前所有全局变量的值。

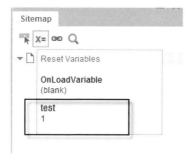

2.4 fx

另外，在 Axure RP 7.0 中的任何地方看到"fx"这个标志，点击它都会出现如下图所示的编辑窗口，在这里我们可以使用 Axure RP 预设的一些参数和函数。

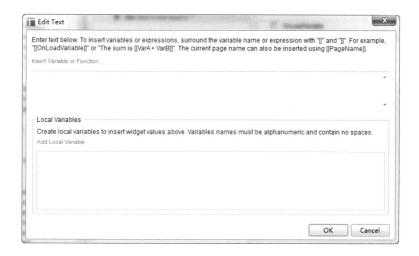

点击"Insert Variable or Function"，打开如下图所示的窗口。

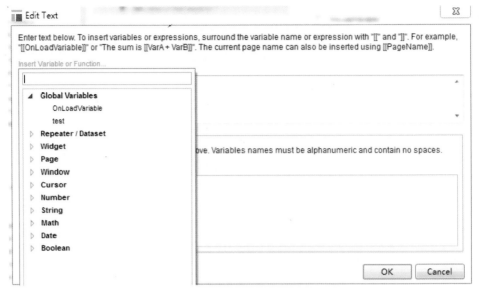

在这里我们简要介绍每个主要的部分：

- Globle Vairables：列出当前所有的全局变量。

- Repeater / Dataset：与Repeater和Dataset相关的功能，如获得总的页数、总的列表的条目数等。

- Widget：跟当前的控件相关的功能，如获得当前控件的名称、文本、高度、宽度、坐标等。

- Page：获得当前页面的页面标题。

- Window：获得当前窗口的一些属性，如窗口的宽度、高度，纵向滚动的距离，横向滚动的距离等。

- Cursor：获得当前鼠标的属性，如鼠标的坐标，鼠标横向或者纵向拖拽的距离。

- Number：与小数处理的相关函数。

- String：与字符串处理相关的函数。

- Math：与数字处理相关的函数，如加、减、乘、除。

- Date：与日期处理相关的函数，如获得当前的日期。

- Boolean：布尔函数，用来做与非运算。

在之后的原型当中，我们会多次使用 fx 参数来获得当前的拖拽距离、控件的坐标、鼠标的坐标等系统数值。

03

移动互联网原型设计九原则

在开始具体的建模工作之前，笔者觉得有必要介绍一下一些设计理念。其实说起移动方面的设计，每个人都有自己的理念，也可以找到一万本书或者一万个主张，有时候让人无从下手。究竟什么颜色适合，什么布局适合，什么样的内容放在什么样地方，什么样的先后顺序更好？其实在产品成型之前，并没有定论。有时在初期阶段花大量时间过于纠结于细节反而是有害的。互联网时代的好处就是可以快速地试错。好不好，可以先做出来让用户使用，然后根据用户的反馈再来进行调整。不断试错，快速迭代。在 1.0，1.1,1.2,1.3 版本中不断进行改进，累计经验，比把所有的问题都在 1.0 中一次推出要好得多。

原则 1：产品设计者要是产品的重要用户

这里涉及两层意思。第一层意思是对于产品要解决的问题，产品设计者要自己亲身体验。例如，产品是一款移动阅读器，解决大家在上班途中的阅读需求，那么产品设计者就应该每天在上班途中使用各种阅读器进行大量的阅读。这样才能真正体会到应用场景和具体的体验细节。第二层意思是对于自己的产品，设计者也要进行大量的使用来得出改进的意见。不要在桌子旁边讨论一个在公交车或者地铁上使用的东西，要真正的去使用它。笔者经常见到一些产品的决策者，根本就没有用过产品，就在决策会议上夸夸其谈，完全脱离了用户体验。

原则 2：在每一个界面上考虑用户在界面上要获得什么

每一次界面显示都是为了一个目的。如果一个界面是要告诉用户一个新闻，那么就用最容易阅读的字体展现这个新闻；如果一个界面是要尽快告诉用户一个新闻，那么就要显示新闻摘要而不是整篇新闻；如果一个界面的应用场景是针对上班族在地铁上获得新闻，那么界面上加上离线加载或者文字转语音的功能就很重要。切记，要把用户最想要的东西清楚地呈现给用户。尤其是对于移动互联网产品来说，不要忘了用户都是在"移动"的时候用的。

原则 3：用最合适的方式显示信息

显示很多数字就用表格，显示位置就用地图，显示联系人就尽量使用类似大家已经熟悉的样式，显示图片就用网格。在大部分时候，没有必要一定要在这些地方进行创新。

原则 4：考虑移动互联网设备的特殊性

屏幕小，不方便打字，单任务，网络有限，电池有限……这些移动设备的特点要在设计产品的时候进行考虑。同时，移动设备的一些优点也要充分利用，如震动、闪光灯、麦克风、用户的手指输入等。

原则 5：实在想不明白，就看看别人怎么做吧

不要不负责任地抄袭，要虚心地学习和改进。

原则 6：从简单的产品开始

产品是要不断改进的。先退出一个简单的版本，然后推给用户使用，哪怕是用最笨的办法。有了一定用户量后，再进行不断的分析和改进。

原则 7：将美好的情感融入产品

带着喜爱，带着助人为乐，带着改变世界、解决问题的美好期望进行产品的设计，把设计者对于使用者的关心带入产品细节，总会有回报。

原则 8：内容与形式同样重要

我们经常看到一些颠覆性的新产品，其中并没有包含什么新东西，只是变了一种方式来展现内容，如 Facebook 的事件流、Pinterest 的瀑布流等。尤其在移动互联网上，又在现在这个用户可以有丰富选择的时代，内容好，形式也要好，交互也要好。

原则 9：数据分析与用户分析同样重要

有很多公司很重视用户反馈，不断地与用户交流以改进商品，却忘记了去分析已经获得的很多宝贵的数据。即便一开始只有几百人使用产品，这几百人累计的数据也有很大的价值。不一定非要有成千上万的数据才可以称作数据分析。对于一个新产品来说，最初的数据尤为如此。

axure

04

移动建模

本章素材位置：
    4.移动建模

    在开始具体的建模工作之前，笔者觉得有必要介绍一下一些设计理念。其实说起移动方面的设计，每个人都有自己的理念，也可以找到一万本书或者一万个主张，有时候让人无从下手。究竟什么颜色适合，什么布局适合，什么样的内容放在什么样地方，什么样的先后顺序更好？其实在产品成型之前，并没有定论。有时在初期阶段花大量时间过于纠结于细节反而是有害的。互联网时代的好处就是可以快速的试错。好不好，可以先做出来让用户使用，然后根据用户的反馈再来进行调整。不断试错，快速迭代。在1.0、1.1、1.2、1.3版本中不断进行改进，累计经验，比把所有的问题都在1.0中一次推出要好的多。

本书的大部分内容和案例将是关于移动建模的。所以我们先来介绍一下如何进行移动建模。使用 Axure RP 7.0 进行移动建模跟桌面建模是很不相同的。因为如果直接使用"Preview（预览）"，我们会发现项目在桌面浏览器（如 IE、Chrome 或者 Safari）中自动打开了。而我们并没有一个移动版本的 Axure RP 7.0 能够直接在手机或者平板电脑上运行，然后使用移动浏览器来预览。所以，我们需要在桌面上完成原型的建模工作然后让模型"看起来"或者"感觉起来"是在移动设备上运行。为了做到这一点，我们使用以下两种方式进行"模拟"的移动建模。

4.1 场景模拟

简单来说，我们制作一个跟移动设备屏幕尺寸相同的"页面"区域，然后把它放到一个移动设备的背景前面。这样，整体看来，就好像我们在一个移动设备上运行该原型一样。为了做到这一点，我们先去下载一个移动设备的"背景"。

在本书中，笔者将使用"iPhone 5s"来作为建模的背景图片。大家可以在本章的素材部分下载相应的图片。建议大家直接使用这张设计好的图片。

在开始创作前，我们先简单介绍一下 iPhone 5s 的各个部分的屏幕尺寸。iPhone 5s 的屏幕显示部分的尺寸是 640 像素 x1136 像素。每英尺的像素数是 326。有些读者可能对这些概念并不熟悉。没有关系，我们只需要设定一个大小合适的背景图片，然后在它上面进行原型创作就好了。背景大，我们制作的原型尺寸也可以大；背景小，我们制作的尺寸就小。只要二者合适就好了。

iPhone 5s 的状态栏，也就是显示信号、电池容量的这个部分的尺寸是 640 像素 x40 像素。一般来说，在进行原型创作的时候，我们不能使用这个部分的显示。所以，我们的有效创作面积为 640 像素 x1096 像素。

但是 640 像素 x1096 像素这个尺寸对于普通的电脑屏幕来说，仍然太大了，不方便我们进行创作和演示。而在 iPhone 上之所以这么大的区域能够在手掌大的一块地方显示出来，是因为 iPhone 的分辨率达到了视网膜级别。所以，我们要把背景图进行一下缩小处理，以使我们具有一个等比例缩小的，320 像素 x548 像素的背景。为做到这一点，我们需要使用专业的图片软件 Photoshop 来处理这个图片。在本章的素材中，我们已经处理好了一张 iPhone 5s 图片，其外围尺寸为 443 像素 x900 像素，有效的显示区域为 320 像素 x568 像素。也就是宽和高都缩小了一半，刚好适合我们的屏幕尺寸。

下面我们就来在 Axure RP 7.0 中制作一个 iPhone 5s 的工作区域。

首先，在 Axure RP 7.0 中创建一个新项目，然后添加一个新的页面叫作"场景模拟"。

然后，我们把"iPhone-5s-Golden"这张 JPG 图片添加到 Axure RP 7.0 中。我们可以直接通过文件拖拽的方式，也可以在 Axure RP 7.0 中拖拽一个图片控件到编辑区中，然后双击它。

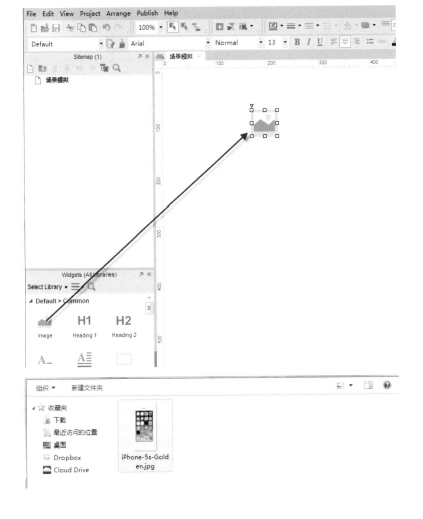

选中 "iPhone-5s-Golden" 这张图片，Axure RP 7.0 会发现这是一张很大的图片，所以会询问是否要优化这张图片。因为我们希望保持图片的清晰度，所以我们选择 "否"。然后 Axure RP 7.0A 会提示是否要自动修改该图片的尺寸，这个时候要选择 "是"。

我们把这张图片放在 X 100：Y 0 的位置，这个时候，整个页面的样子如下图所示。

我们之后的主要工作区域，就是如下图所示的这个区域（青色的区域），尺寸为 320 像素 x548 像素。而对于整个 iPhone 5s 背景，一般是不动的，它只是一个背景；上面的状态栏，一般也是不需要使用的。

下面让我们向这个背景图上添加一些元素。我们先添加一个矩形控件来盖住原先的 iPhone 桌面。该矩形控件的属性如下表所示。

名　称	类　型	坐　标	尺　寸	填充色／边框色
无	Rectangle	X162:Y198	W320:H548	#FFFFFF/#FFFFFF

现在的页面的样子如下图所示。：

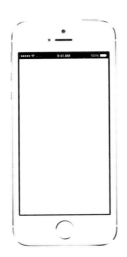

接下来，向页面中添加四个菜单选项，就像我们在很多应用中看到的一样。每个菜单选项其实就是一个矩形控件，它们的属性如下表所示。

名　称	类　型	坐　标	尺　寸	文　本	填充色／边框色
rectMenu1	Rectangle	X162:Y700	W80:H46	菜单 1	#CCCCCC/ 无
rectMenu2	Rectangle	X242:Y700	W80:H46	菜单 2	#CCCCCC/ 无
rectMenu3	Rectangle	X322:Y700	W80:H46	菜单 3	#CCCCCC/ 无
rectMenu4	Rectangle	X402:Y700	W80:H46	菜单 4	#CCCCCC/ 无

设置完成后，页面是这样的（见下图）。

页面似乎看起来有趣了。我们会持续添加元素，直到页面看起来是这样的（见下图）。

看起来很像一个应用程序了吧?

有了这样的一个背景,虽然我们还是在桌面电脑上进行模型的创作和演示,但是看起来就像是我们在用 iPhone 5s 体验。这样也同样能够以非常简单的方式,让所有人对原型最终的效果有一个非常直观的了解。当然,观看原型也是在桌面浏览器上进行的。

使用 320 像素 x548 像素的创作区域的理由是,320 像素的宽度,建立 4 个菜单的话,如上图中的菜单 1、菜单 2、菜单 3、菜单 4,每个菜单的宽度就是 80 像素,如果是 5 个菜单,每个宽度就是 64 像素,宽度都很合适。而如果对背景图片处理不当的话,如宽度变成了很随意的 340 像素,那么在制作的时候,就会出现宽度不平均的现象。另外,还有一个理由,就是很多 iPhone 应用的菜单都是 4 个。

场景模拟是一种较为简单和高效的制作移动原型的方式,通过不同的手机背景,我们就可以很容易地制作基于 iPhone 5s、三星 Galaxy、小米等热门手机的应用场景的应用,而不用去真的购买和拥有这些手机。如下图所示,我们更换图片背景后,同样的内容可以在三星手机上展现。

但是如果我们真的想在手机上来体验我们的原型,就只能使用下一节的方法了。

4.2 真实模拟

真实模拟的做法就是,我们仅在 Axure RP 7.0 中制作一个 320 像素 x568 像素的页面区域,然后生成 HTML 的页面,并将其发布到 Axure Share 上。接下来用 iPhone 5s 使用移动版本的浏览器打开 Axure Share 上的项目地址进行浏览。然后将这个页面保存为一个主屏幕快捷方式,接下来运行这个快捷方式。这样,我们就真的可以在移动设备上真实地体验原型了。

我们接下来按照如下步骤来创建一个真实模拟的项目。

1. 制作原型页面

我们在本章的项目中添加一个新的页面叫作"真实模拟",向其中添加如下表所示的元素。

名　称	类　型	坐　标	尺　寸	文　本	填充色／边框色
rectStatus	Rectangle	X0:Y0	W320:H20	无	#000000/#000000
rect1	Rectangle	X0:Y20	W320:H40	应用 1	#999999/#999999
Label1	Label	X16:Y75	W292:H288	内容内容	无／无
Bs1	Button Shape	X16:Y392	W292:H40	按钮 1	无／无
Bs2	Button Shape	X16:Y442	W292:H40	按钮 2	无／无
rectMenu1	Rectangle	X0:Y522	W80:H46	菜单 1	#CCCCCC/ 无
rectMenu2	Rectangle	X80:Y522	W80:H46	菜单 2	#CCCCCC/ 无
rectMenu3	Rectangle	X160:Y522	W80:H46	菜单 3	#CCCCCC/ 无
rectMenu4	Rectangle	X240:Y522	W80:H46	菜单 4	#CCCCCC/ 无

现在界面如下图所示，包含所有元素的外围尺寸是 320 像素 x568 像素。

然后，我们为按钮 1 添加一个 OnClick 事件，让大家体会一下在手机上点击按钮的效果。

我们拖拽一个矩形控件到页面区域，设置属性如下表所示。

名　称	类　型	坐　标	尺　寸	文　本
rectPopup	Rectangle	X60:Y180	W200:H100	按钮 1 被点击了

将这个矩形控件设置为"隐藏"。我们希望点击按钮 1 的时候再显示该矩形，为此右键单击这个矩

形控件，然后在弹出菜单中选择"Set Hidden"命令。

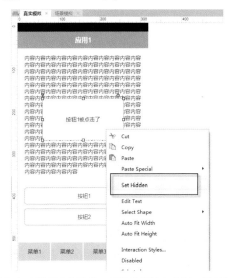

然后，我们为按钮1添加如下图所示的事件，当该按钮被点击时，可以显示矩形区域。

这个简单的页面就制作好了。其实跟"场景模拟"中的页面是类似的。

2. 设置发布参数

在发布前，因为最终的原型是要用在移动端的，所以我们要控制一下生成原型的一些参数。这些参数非常重要，直接决定了我们的原型在移动端的体验。这与"场景模拟"中发布并且在桌面浏览器中预览的过程是不一样的。在场景模拟中，只要使用默认的参数就可以了。

为此，我们点击"Publish"按钮，在下拉菜单中选择"Preview Options"。

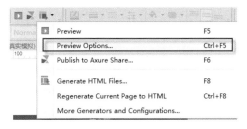

然后，在弹出的窗口中选择"Configure"。

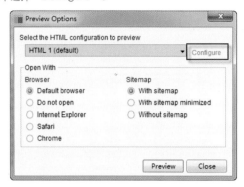

接下来，就会看到如下图所示的窗口，我们在窗口中选择"Mobile/Device(移动设备)"。

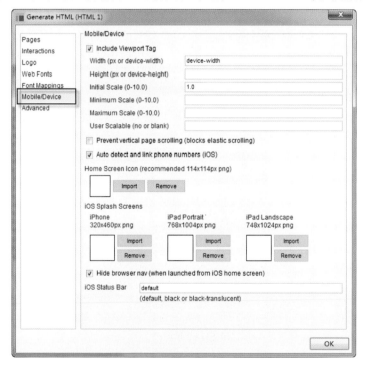

该页面是用来配置在移动端生成的页面的一些参数和规格的。下面我们分别解释每个参数的意义。

- Include Viewport Tag：添加视图标签。打开这个开关后，我们才能设置如下的参数。

- Width (px or device-width)：宽度，要求输入像素值或者根据设备宽度自动设置。因为我们制作的页面一般都是320像素宽度的，所以一般设置为320像素。

- Height (px or device-height)：高度，要求输入像素值或者根据设备高度自动设置。这个值一般不需要设置。

- Initial Scale（0-10.0）：初始的缩放尺度。默认是1.0，也就是说，默认就是自然1：1的大小。iPhone上可以通过双指的缩放来缩小和放大页面，这里就是设置页面一打开的时候的缩放规模。如果我们在这里设置2.0，那么就意味着页面打开的时候，就默认被放大到2倍大小。

- Minimum Scale （0-10.0）：能够最小被缩放的尺度。有时候我们需要控制用户能够缩小的最小尺度。默认为空，无须设置。

- Maximum Scale （0-10.0）：能够最大被放大的尺度。有时候我们需要控制用户能够放大的最大尺度。默认为空，无须设置。

- User Scalable (no or blank)：用户是否能够放大或缩小页面。如果我们不希望用户可以进行缩放，就填写"no"。默认为空，用户是可以进行缩放的。

- Prevent vertical page scrolling (blocks elastic scrolling)：禁用垂直滚动（同时也阻止iOS的弹性滚动）。有的时候我们不希望用户进行垂直方向的滚动，如在使用原型模拟iPhone应用的时候。在这里，勾选这个复选框，因为我们要模拟一个iPhone应用的界面，无须垂直滚动。

- Auto detect and link phone numbers（iOS）：自动侦测并链接电话号码，仅对iOS设备。勾选了该功能后，当在原型中的文本中输入手机号码这样的文字的时候，Axure RP 7.0会自动为其添加链接。这样，用户可以点击它们，并且看到"拨打该电话"的选项。

接下来的一个区域是用来设置应用程序在 iPhone 上的开始图标和过场页面的。开始图标就是如下图所示的这些图标按钮。

我们需要一个 114 像素 x114 像素的 PNG 图片来做当前应用的开始图标。在本章的素材目录中，我们已经做好了一个叫作"App-logo"的图片，如下图所示。

我们点击如下图所示的 Import 按钮把它添加进来。

Home Screen Icon (recommended 114x114px png)

过场页面，就是在点击图标后，在应用正式开始运行前出现的一个过渡页面。比如，我们运行微信时那个著名的图片，就是一个过渡页面。

对于这个测试的应用，我们暂时不需要设置过渡页面。过渡页面可以针对屏幕尺寸的不同，设置三个，分别用于 iPhone 的竖屏显示、iPad 的竖屏显示和 iPad 的横屏显示。

- Hide browser nav (When launched from iOS home screen) ：当从iOS，也就是iPhone的主屏幕启动原型的时候，隐藏浏览器的导航条。选中这个复选框，它非常有用，可以在全屏下浏览我们的原型。至于如何将一个应用从主屏幕启动，我们之后会介绍。

- iOS Status Bar：如何显示iOS的状态栏，也就是屏幕最上方的显示运营商信号和电池容量的状态栏。可以选择的选项有"default（默认）"，"black（黑色）"或者"black-translucent（黑色半透明）"。我们选择black-translucent. 这个时候，所有的电池容量、信号、时间等信息会以白色显示。背景是透明的，会透出下方的内容，也就是我们在这个项目中添加的那个320像素x20像素的黑色矩形。

3. 发布页面

参数设置完成后，我们点击 Publish to Axure Share 按钮。

在如下图所示的弹出窗口中，使用注册后 Axure Share 账号登录（如果没有，就注册一个）。其他的参数设置都使用默认的就好了，然后点击"Publish（发布）"按钮。

等待一小会儿（目前 Axure share 的运行速度比较慢，如果是大的应用，上传会比较慢，大家需要耐心等待。建议可以先在桌面浏览器上把主要的功能都测试一遍，然后再发布到 Axure share），就会出现如下图所示的提示页面。

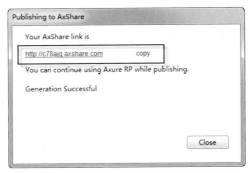

我们点击显示出来的 URL，就会在桌面的默认浏览器中打开生成的项目。显示结果如下图所示。

我们点击左侧站点地图区域的一个连接的图标，如下图所示。

然后会显示当前页面在 Axure Share 的 URL，请注意它不再是一个本地的类似 http://127.0.0.1/ 一样的地址，而是一个在域名 Axshare.com 上的地址。

我们在上图中看到的 "http://c78ajq.axshare.com..." 这个地址就是该项目的当前页面在 Axure Share 服务器上的地址。我们在 iPhone 上通过 Safari 浏览器访问该 URL，就可以在手机上打开该原型进行预览。

我们在手机上打开的时候，并不希望浏览器显示如下图所示的网站地图部分，也就是原型的左侧的导航部分。

为此，在访问之前，我们先修改一下该 URL。我们点击"Without Sitemap（无需网站地图）"，就会看到刚才的 URL 发生了一些参数的变化。

我们点击 URL（http://c78ajq.axshare.com/ 真实模拟 .html），把它复制出来。

下面我们要做的，就是在 iPhone 上的 Safari 浏览器中打开这个地址。

4．在 iPhone 上浏览原型

拿出真实的 iPhone 5s，点击打开 Safari 浏览器，就是右下角那个罗盘一样的图标。

运行后，我们在 Safari 浏览器中打开如下图所示的链接，也就是我们上一节中从桌面浏览器中获得的链接（http://c78ajq.axshare.com/ 真实模拟 .html）。

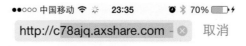

输入 URL 可能很麻烦，这时可以采用一个相对比较简单的方式，就是把这个 URL 通过 Email 发送给自己的 QQ 邮箱，然后在 iPhone 5s 上面安装 QQ 邮箱的客户端，再在该客户端中收取邮件。然后点击邮件中的链接在 Safari 浏览器中打开。

打开链接后，可以看到如下图所示的页面。

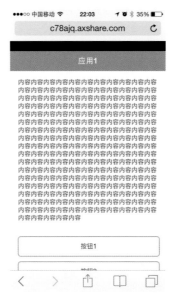

可以看到，刚才制作的页面已经被打开了。但是页面并没有被完全展示，Safari 浏览器的地址栏和工具栏盖住了页面一大部分的内容。我们看到的更像一个"页面"，而不是一个移动应用程序。接下来，我们点击如下图所示的按钮。

接下来，就会看到如下的界面。

点击"添加到主屏幕",会看到如下图所示的屏幕。

可以看到，我们刚才添加的应用程序的开始图标显示了出来。不用修改，直接点击"添加"就好了。添加成功后，我们会在 iPhone 的应用屏幕上看到如下图所示的图标。

点击该图标，就会打开如下图所示的页面。我们发现，浏览器的状态栏和导航栏都被隐藏了。而且这个时候，开始有了打开一个应用程序的感觉，而不是在 Safari 浏览器中打开了一个页面。如果仔细观摩，就会发现，其实这个时候就连 Safari 浏览器都没有打开，而是真的打开了一个应用程序。

大家可以看到，iPhone 的状态栏依然存在。信号、WIFI、时间等信息以白色字体显示在了我们添加的 320 像素 x20 像素的黑色矩形的上方。所以，如果要创建一个没有 iPhone 状态栏的全屏应用，那么在目前版本中是会出问题的。但是如果只是创建一个有状态栏的应用，那就不会受到任何影响。

我们在原型中的黑色矩形中添加如下图所示的文字。

然后，生成原型后，我们会看到的效果如下图所示。

我们添加的内容跟状态栏重叠在 一起了。这算是 Axure RP 7.0 的一个漏洞吧，我们无法通过参数设置隐藏状态栏。

回到之前的原型中，点击按钮 1，我们会看到显示出来的提示框。

给大家看一张第三视角的照片，就会发现，这真的是在手机上测试我们的原型了，完全看不出这是一个页面。它看起来就像是一个真正的应用程序。

最棒的一点就是，当我们在 iPhone 上按照之前的方式将一个网址添加到了桌面，成为一个桌面应用程序之后，以后我们只需要在 Axure RP 7.0 中更新原型，然后再发布到 Axure Share 就好了。因为每次生成的 Axure Share 地址都是一样的。移动端上的内容会自动更新！可以让所有该项目相关的人在 Safari 浏览器中打开这个链接，然后将应用程序添加到桌面上。接下来，每次更新后，只要通知他们去再次打开这个链接就好了。那些中间烦琐的过程，只要设置一次即可。对他们来说，就像安装了一个 iPhone 应用程序的体验一样。

有时候，尤其是初次在移动端访问这样一个项目的时候，你会发现状态栏跟程序本身混在一起了。这个时候，你只要点击 Publish to Axure Share，在出现的窗口中选择 "Create a new project"，然后用一个新的名字命名这个项目，再发布。当 Axure RP 7.0 生成一个新的 URL 的时候，再用这个新的 URL 在移动端创建一个主屏幕图标，重新打开，就可以解决这个问题了。

最后，在 iPhone 上打开了这个测试应用程序后，关闭它的方式跟关闭其他应用程序的方式是一样的，双击"Home"键，然后滑动关闭就可以了。

之后，我们会交替使用以上两种方式来进行原型案例的制作。个人建议，如果你无须制作特别逼真的体验，那么使用场景模拟就已经足够了，制作起来也会比较容易，而且你可以控制状态栏的行为。如果你需要逼真的体验，而你又不介意 iPhone 的默认状态栏，那么就使用真实模拟。在本书中，我们尽量使用真实模拟的方式来制作原型，这样读者可以在 iPhone 上真实地体验应用的交互。

axure

05

常见的 APP 界面布局

　　在本节中，在开始具体的案例之前，我们先用原型的方式，向各位读者介绍一下移动网站或者应用程序常用的界面布局。掌握了布局，就掌握了原型中搭建框架的方式。有了框架，填写内容就水到渠成了。而且，布局有时候就是一个最简单的能够说明问题的原型。

5.1 顶部导航

整个应用的导航在顶部，用户通过左右滑动来切换不同的导航选项卡，如下图所示。

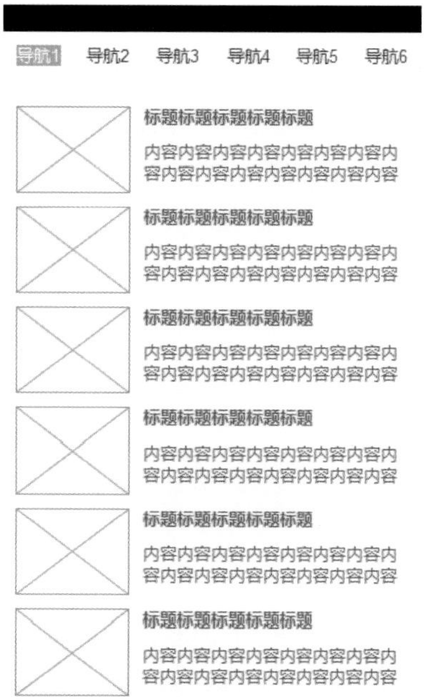

主内容区域将是一个动态面板。当用户点击导航条目或者左右滑动手指的时候，就切换主内容区域的动态面板的状态。

该布局一般适合有很多列表内容的应用，比如说新闻类应用。

导航1　导航2　导航3　导航4　导航5　导航6

标题标题标题标题标题
内容内容内容内容内容内容内容内容内容内容内容内容内容内容内容

标题标题标题标题标题
内容内容内容内容内容内容内容内容内容内容内容内容内容内容内容

标题标题标题标题标题
内容内容内容内容内容内容内容内容内容内容内容内容内容内容内容

标题标题标题标题标题
内容内容内容内容内容内容内容内容内容内容内容内容内容内容内容

标题标题标题标题标题
内容内容内容内容内容内容内容内容内容内容内容内容内容内容内容

标题标题标题标题标题
内容内容内容内容内容内容内容内容内容内容内容内容内容内容内容

5.2 标签式导航

这是最常见的布局形式，微信等具有多个主要功能划分的应用都采用了这个方式；适合 3～5 个导航菜单，核心功能比较突出，也能够以很直观的方式通知用户（比如，使用类似微信一样的数字通知来告诉用户某个导航下面有多少内容更新）。

应用1

内容

导航1　　　导航2　　　导航3　　　导航4

5.3 抽屉式

抽屉式布局是指导航隐藏在左侧或者右侧，用户通过滑动拖拽的方式，像打开抽屉一样将导航部分拖出。这种布局适合主内容较多，不希望菜单栏占据固定位置消耗空间的应用程序；但是缺点在于用户需要一个明显的提示来发现导航。

关闭菜单

打开菜单

5.4 九宫格式

九宫格其实不一定是 9 个格，可以根据需要灵活地调整。九宫格布局的特点就是直观，所有的功能一目了然；缺点是在不同的导航之间切换的时候，经常要回到首页。

5.5 下拉列表式

在这种布局中，菜单默认是隐藏的，用户点击后滑出，有点儿类似于抽屉式布局，不过一般是上下滑动的。

关闭菜单　　　　　　　　　　　　　打开菜单

5.6 异形

在这类布局中，会采用一些非常规的菜单来进行导航，如圆形的导航盘，类似滴滴打车那样的飞出式菜单等。

关闭菜单　　　　　　　　　　　　　打开菜单

5.7 分级菜单

多层级的菜单这种设计常用于项目很多，但是每个项目的内容比较简单的应用，如联系人、地址等。

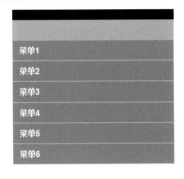

关闭菜单   打开菜单

以上就是一些常见的应用程序的布局形式。在实际的使用当中，我们可以灵活掌握。关于布局和导航的一个最简单的原则就是：对用户完成主要功能来说，要尽可能的直观和简单。

axure

06

第三方控件库

本章素材位置：
　　6. 第三方控件库

　　在正式开始前，我们要准备
一下在接下来要经常使用的第三
方控件库。第三方控件库是由第
三方的个人或者机构制作的可以
用于 Axure RP 的特殊控件库。
比如接下来我们要经常使用的
iPhone 控件库。

iPhone 控件库中包含了以下一些已经制作好的控件。

- iPhone的滑动开关。

- 常用的图标。

- 一些系统的模块。

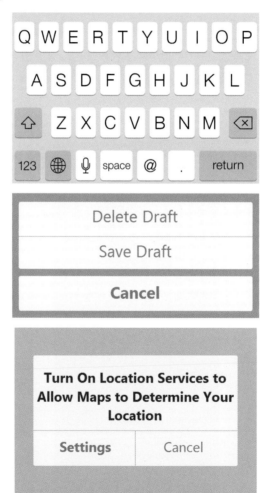

借助第三方控件库，不仅仅是 iPhone，我们还可以获得 Android、iPad、Windows Phone 等多种界面的元素。在如下的地址，Axure RP 官方提供了很多第三方控件的下载：

http://www.axure.com/community/widget-libraries

下载以上任何一个第三方控件后，我们会得到一个 .rplib 文件。然后我们在 Axure RP 7.0 中的控件管理区域，点击如下的按钮，选择"Load Library"命令。

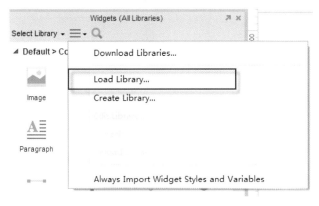

接着，在打开的文件管理器中，选择这个 rblib 文件，如下图所示。

加载完成后，就可以在控件管理区域看到这个新的控件库。

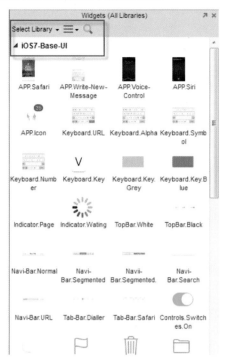

但是其他的控件库就都被隐藏了。打开所有控件库的方式是点击"Select Library"，然后选择"All Library"命令，如下图所示。这样，就可以将所有已经加载的控件显示出来。

在本书中，我们会使用以下三个控件库：

- iOS 7 Widget Library（收费）

http://www.creative10.com/axure-ios-7-widget-library/

- iOS 7 基本控件

https://www.dropbox.com/s/u7inwvpqz7nbpfp/iOS7-Base-UI.rplib

- iOS 7 风格 iCon

https://www.dropbox.com/s/55z817pa9oy4rsp/iPhone-Bodies.rplib

读者可以先行下载这几个控件库，导入后做好准备。

07

iPhone 5s 横向滑动效果

本章素材位置：
    7. iPhone 5s 横向滑动效果

主要涉及技能：
    动 态 面 板，OnSwipeLeft，
OnSwipeRight。

本章移动 URL：
    http://chqgpi.axshare.com/
home.html

本章主要介绍 iOS 中的横向滑动切换效果。我们以最简单的 iPhone 5s 的桌面菜单切换来作为例。桌面菜单切换的效果是：手指横向向左滑动，桌面就向右切换；手指横向向右滑动，桌面就向左切换。

首先新建一个项目，命名为 "iPhone 5s 横向滑动效果"。然后向默认的 Home 页面中添加一个动态面板控件，尺寸为 320 像素 x568 像素，位置为 X0：Y0，命名为 dpiPhoneScreen（dp 前缀的意思是 "Dynamic Panel"）。

为其添加三个状态，分别代表了我们要制作的 3 个 iPhone 的屏幕。分别命名为 HomeScreen1、HomeScreen2、HomeScreen3。

双击 HomeScreen1，将素材目录中的 HomeScreen1.jpg 添加进来，尺寸修改为 320 像素 x568 像素．注意这是一张 iPhone 5s 的屏幕截图，来自笔者的 iPhone。在 iPhone 上截图的方式是按住 Home 键的同时按下锁屏键，就可以截图了。然后通过 iTunes 或者 iPhoto 软件导入到电脑上。

我们需要把这张图片的位置设置为 X0：Y0．设置好后，现在页面工作区域如下图所示。

然后以同样的方式，将 HomeScreen2.jpg 和 HomeScreen3.jpg 分别添加到 dpiphoneScreen 动态面板的状态 HomeScreen2 和 HomeScreen3 去。这样我们就有了一个有三个状态的动态面板。

下面我们回到 Home 页面状态，开始添加滑动的效果。

选中动态面板 dpiPhoneScreen，双击互动管理区的 OnSwipeLeft 事件，打开如下窗口。

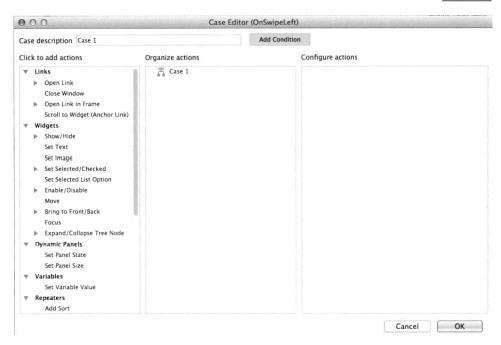

因为我们希望在向左滑动的时候，将动态面板的状态从 HomeScreen1 切换为 HomeScreen2，所以，我们在动作中选中"Set Panel State"。然后在右侧的参数区域，选择"dpiPhoneScreen"。接着在下面"Select the state"下拉列表中选择"HomeScreen2"。

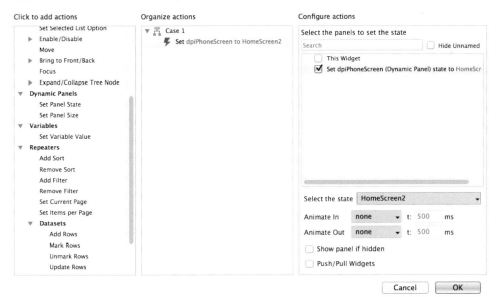

我们会看到另外两个选项"Animate In"和"Animate Out",它们的作用如下。

Animate In:控制新状态是如何过渡进入视野的,有如下选项。
- None:没有过渡,直接出现。
- Fade:淡入,可以设置在多长时间内淡入。
- Slide Right:从左侧向右滑动进入。可以设定滑入的时间。
- Slide Left:从右侧向左滑动进入。可以设定滑入的时间。
- Slide Up:从下方向上滑动进入。可以设定滑入的时间。
- Slide Down:从上方向下滑动进入。可以设定滑入的时间。

Animate Out:控制之前的旧状态是如何过渡移出视野的,也有同样的选项。
- None:没有过渡,直接出现。
- Fade:淡入,可以设置在多长时间内淡入。
- Slide Right:从左侧向右滑动移出。可以设定滑入的时间。
- Slide Left:从右侧向左滑动移出。可以设定滑入的时间。
- Slide Up:从下方向上滑动移出。可以设定滑入的时间。
- Slide Down:从上方向下滑动移出。可以设定滑入的时间。

回到我们的例子上,我们需要的是 HomeScreen1 状态从右向左移出,而 HomeScreen2 状态从右向左移入,所以我们按照如下参数设置。

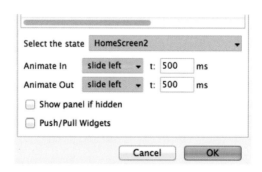

设置完成后点击"ok"按钮。完成后,互动管理区域的事件如下图所示。

然后，我们按照前面介绍的方法，开始在 iPhone 上面测试这个原型。为了让大家巩固一下上一章的内容，我们再一起领着大家熟悉一下在 iPhone 上预览原型的方法。

首先，在 Axure RP 7.0 主界面中选择 "Preview Options" 命令。

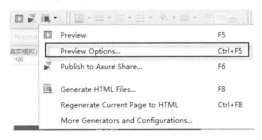

然后在弹出的窗口中点击 "Configure" 按钮。

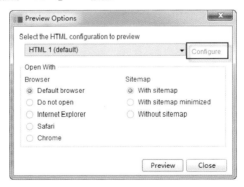

接下来，就会看到如下的窗口，我们在窗口中选择"Mobile/Device（移动设备）"。

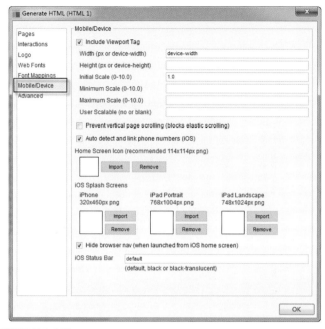

我们按照下图设置每个参数。

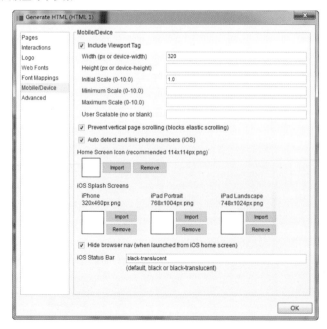

设置完毕点击 "OK" 按钮。然后我们回到 Axure RP 7.0 的主界面。

点击 "Publish to Axure Share" 按钮。

在如下的弹出窗口中，使用注册后 Axure Share 账号登录。将项目名称修改为 "iPhone 5s 横向滑动效果"，其他的设置都使用默认设置，然后点击 "Publish" 按钮。

发布成功后会弹出如下窗口，我们需要把这个 URL 复制下来。

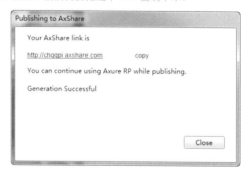

在浏览器中打开这个 URL： http://chqgpi.axshare.com (chqgpi 是 Axure RP 7.0 自动生成的一个随机字符串，用来唯一地标示一个项目)。在浏览器中打开后，界面如下图所示。

然后我们点击那个链接形状的图标，打开如下窗口。

此处显示了当前页面在 Axshare 服务器上的地址。选中 "Without sitemap" ，因为我们不希望在移动设备上显示页面地图。然后，我们把这个地址复制粘贴出来，应该是如下这个地址：

http://chqgpi.axshare.com/home.html

接下来，我们就要在移动设备上打开这个页面了。在这里再次介绍一遍，帮大家预习一下。请准备好真正的 iPhone 5s，打开 Safari 浏览器，输入刚才的地址，打开后，页面如下图所示。

点击如下的图标，将当前页面作为一个应用添加到桌面上。

在如下的窗口中点击"添加到主屏幕"。

就会出现如下的添加到主屏幕的窗口。因为我们没有为这个项目添加一个图标，所以 Axure RP 7.0
自动截取了 Home 页面的图片作为图标。

该项目添加到 iPhone 桌面后，看起来是这个样子的（红色方框框起来的区域），可以看到我们的网
页就像一个应用程序一样被添加到了桌面上。

接下来点击这个图标，就会发现页面像一个应用一样被打开了。跟在 Safari 浏览器中打开完全不一样，没有地址栏，也没有工具条，看起来就像打开了桌面，不是吗？

我们会注意到，原始截图中的状态栏跟默认显示的 iPhone 实际的状态栏重合在一起了。在此，我们先忽略这个错误的细节。

试着向左滑动，就能看到如下的页面。

但是再也滑不了了，对吧？因为我们添加的事件是只要向左滑动，就显示动态面板的 State2，也没有添加其他事件。所以此时，我们的原型就只能相应地向左滑动。为此，我们回到项目，再对 OnSwipeLeft 事件的参数进行如下的修改。

我们把向左滑动的事件改成了"Next"，也就是切换到动态面板的下一个状态，而不是仅仅切换到 HomeScreen2 就停住。然后我们把过渡的时间从 500ms 修改为 250ms。

再点击"Publish to Axshare Share"按钮，重新生成以下项目。这次我们不用再重复刚才冗长的过程了，直接再回到 iPhone 上面点击"Home"应用就可以了。现在，你会发现可以多次向左滑动。当然，最多向左滑动两次，因为我们只有三个状态。

同样地，我们就可以添加 OnSwipeRight 事件，让面板具备向右滑动的能力。全部完成后，互动管理区域如下图所示。

现在，重新生成项目后，就可以自由地左右滑动原型了。

在之后的项目中，如果读者希望制作左右滑动的效果，只要把内容装载到一个 Dynamic Panel（动态面板）控件中，然后利用 OnSwipeLeft 和 OnSwipeRight 事件就可以了。

应用程序的启动过渡页面

本章素材位置：
　　8. 应用程序的启动过渡页面

主要涉及技能：
　　OnPageLoad，Wait，Fade

本章移动 URL：
　　http://pk1k8d.axshare.com/
home.html

大部分应用程序在开启的时候，都会有一个过渡界面。这个过渡界面会停留几秒钟，然后自动消失，如著名的微信星球。

制作这个效果很简单，要用到 Axure RP 7.0 的一些状态切换的效果和一个叫作 Wait 的事件。我们下面就来完成这个效果。

首先我们在操作系统中，将上一章的原型文件"微信的纵向滑动效果 .rp"复制一份，重新命名为"应用程序的启动过渡页面 .rp"，然后将它打开，界面如下。

08

接下来我们就在这个基础上进行效果的制作。

将我们事先截图的微信的过渡画面添加到界面中，属性如下。

名 称	类 型	坐 标	尺 寸
splashingImage	Image	X0:Y0	W320:H568

现在界面看起来是这个样子的：

这个星球图片一开始出现在界面中，在 2 ～ 3 秒后淡出。所以这个时候，我们要使用 OnPageLoad 事件来处理。OnPageLoad 事件会在程序运行后自动开始执行，无须任何用户的介入。

我们添加的事件如下:

非常直观，先等待 3 秒钟，然后将图片以淡出的方式，在 1 秒钟内隐藏。

测试一下，图片在 3 秒钟后确实消失了。然后我们就可以使用在上一章开发的功能了。

09

微信的纵向滑动效果

    微信，大家对对话界面应该都很熟悉，可以看到所有联系人最近的聊天记录，还可以纵向滚动，如下图所示。

    下面我们就在 Axure RP 7.0 中模拟这种纵向滚动的效果。首先，我们仍然向页面区域拖拽一个 320 像素 x568 像素的动态面板控件，属性如下。

名 称	类 型	坐 标	尺 寸
dpMainContainer	Dynamic Panel	X0:Y0	W320:H568

    双击 dpMainContainer，开始编辑它的 state1 状态。我们知道，微信界面中上部的状态栏是不变的，也不随拖拽移动，下部分的菜单部分也是，不移动的。所以我们先把这两个部分制作出来。在这个例子当中，我们不去制作细节，而只是先做个档案。

    为此，我们放置如下控件到 stage1 中。第一个 iPhone 状态栏的一个背景，仍然是一个 320 像素 x20 像素的黑色矩形，属性如下。

名 称	类 型	坐 标	尺 寸	填充色 / 边框色
rectStatus	Rectangle	X0:Y0	W320:H20	#000000/#000000

第二个是显示微信状态栏的一个矩形部件，第三个是带有加号的按钮，表示添加一个对话。

名 称	类 型	坐 标	尺 寸	填充色／边框色
rectHeader	Rectangle	X0:Y20	W320:H45	#22292B/#22292B
文本	文本颜色	文本尺寸		
微信	#FFFFFF	18		

名 称	类 型	坐 标	尺 寸	填充色／边框色
rectAddChat	Rectangle	X270:Y28	W40:H30	#333333/ 无边框
文本	文本颜色	文本尺寸		
+	#FFFFFF	28 黑体		

现在界面看起来是这个样子的。

看起来已经很像微信的截图了，类似地，我们先添加四个矩形控件作为简单版"微信菜单"。

名 称	类 型	坐 标	尺 寸	填充色／边框色
rectMenuWeChat	Rectangle	X0:Y519	W80:H49	#222729/#222729
文本	文本颜色	文本尺寸		
微信	#FFFFFF	13		

名 称	类 型	坐 标	尺 寸	填充色／边框色
rectMenuContact	Rectangle	X80:Y519	W80:H49	#222729/#222729
文本	文本颜色	文本尺寸		
通讯录	#FFFFFF	13		

名 称	类 型	坐 标	尺 寸	填充色 / 边框色
rectMenuDiscover	Rectangle	X160:Y519	W80:H49	#222729/#222729
文本	文本颜色	文本尺寸		
发现	#FFFFFF	13		

名 称	类 型	坐 标	尺 寸	填充色 / 边框色
rectMenuMe	Rectangle	X240:Y519	W80:H49	#222729/#222729
文本	文本颜色	文本尺寸		
我	#FFFFFF	13		

现在界面的显示效果如下图所示。

接下来，我们就要制作中间可以拖动的菜单部分。同样地，我们不使用真实的微信截图，而是使用一些我们自己制作的原型元素。首先，向界面中拖拽一个新的动态面板控件，属性如下。

名 称	类 型	坐 标	尺 寸
dyDragContainer	Dynamic Panel	X0:Y65	W320:H1000

大家注意到这个动态面板的高度非常高。是的，因为我们要让用户可以向上滚动很长的距离，这样会有更好的效果。同时，我们不希望在滚动的时候，这个动态面板中的内容覆盖到头部和底部的菜单栏，所以我们右键选中这个控件，在弹出的菜单中选择"Order"命令，然后选择"Send to Back"命令。

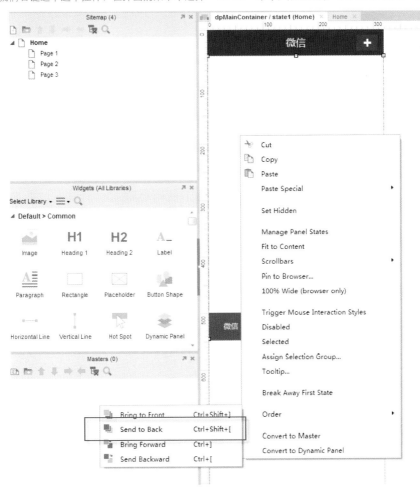

这样，我们就把这个控件放置在了垂直于页面的方向上的最底层。

我们双击这个新的动态面板控件，开始编辑它的 stage1。我们需要向其中添加一些图片、文本等元素，来让界面看起来像是拥有如下的元素。

麦当劳　　　　　14-2-21
[位置]

优衣库官方网络旗舰店　14-2-21
请点击您需要查看的页面：　<...

微信支付助手　　　13-11-24
【微信专享】1分钱预购小米3

印美图　　　　　14-2-20
请点击这里<a href="http://m....

微法律-法律管家精选...　14-2-20
袁岳博士代言微法律!

北京苏宁　　　　14-2-20
小苏告诉你，输入"我要优惠"...

苏宁易购　　　　14-2-14
炸鸡和啤酒友情提示：今晚诸...

为此，我们这样来制作 stage1，如下图所示。

大家可以看到，我们制作了一组相同且重复的元素。包括联系人的图片、名称、描述和对话发生的日期。其实微信的界面就是由这些元素组成的。只不过在真正的产品中，这些都被替换成了真实联系人的信息。

然后为 dyDragContainer 添加一个 OnDrag 事件，我们希望用户在手指拖拽这个联系人列表的时候，它能随着用户的手指进行移动，即列表仅沿着垂直方向 Y 方向（进行移动）。所以，我们在互动管理区域双击 OnDrag 事件，添加如下动作。

事件总结如下。

我们先点击如下按钮，在桌面浏览器中测试一下原型。

原型测试结果如下图所示。我们已经可以实现拖拽了。

但是问题是，我们可能把界面拖拽得过高或者过低，从而导致页面出现断层。

所以，我们要添加事件，当用户把列表移动得超出范围的时候，我们要把列表移动回来。也就是说，当用户把列表的上部，拖拽到开始时的坐标 X0:Y45 的下方的时候，我们要把列表的坐标恢复到 X0:Y65；当用户把列表的底部，拖拽到已经离开菜单栏顶部的时候（这个时候列表的顶部的坐标已经在 X0：Y-481 的地方了。我们如何知道这个坐标的？在 Axure RP 7.0 里面拖拽一下就可以看到了。当你把列表拖拽到底部跟菜单栏的顶部齐平的时候，就会看到显示的坐标为 X0：Y-481.），我们要把列表恢复到其底部紧贴菜单栏的顶部的位置，也就是 X0：Y-481 的地方。

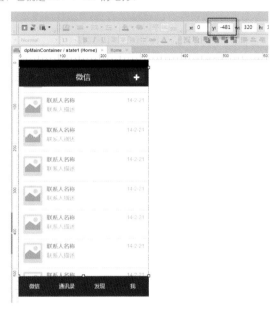

在添加 OnDragDrop 事件时，我们先点击 "ADD Condition"。然后在如下的窗口中先选择 "Value"。

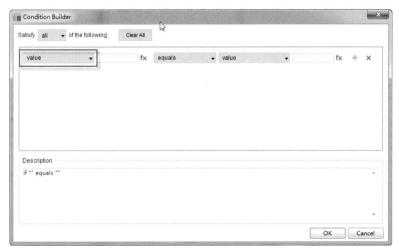

接下来,点击第二个输入框旁边的"fx"按钮,出现如下窗口,然后点击"Insert Variable or Function(添加变量或函数)"。

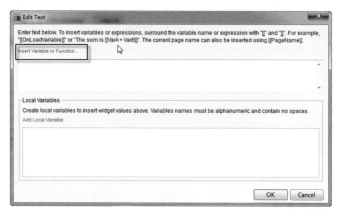

在弹出的窗口中选择"y"。

选择"y"的意思是,我们要获得当前控件的 y 坐标。选择后,界面如下图所示。

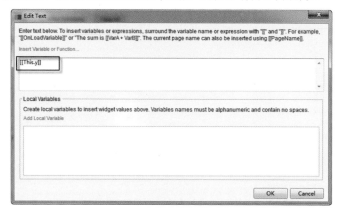

这里介绍一下 This 参数的意思。This 代表了当前事件所属的那个控件。比如，在这个例子中，OnDragDrop 事件属于 dyDragContainer，所以 This 就代表了 dyDragContainer。我们在这个参数中获得的 this.y，就代表了 dyDragContainer 在事件发生时刻的即时的 y 坐标。

我们需要当 Drag 停止的时候，如果 y 大于 65，那么就把 y 恢复为 65；如果 y 小于 -481，那么就把 y 恢复为 -481. 所以，我们如下设置事件。

我们再在桌面浏览器中预览一下，就会发现，列表再也不会移动出区域了。不过也会发现恢复的时候，列表的移动比较生硬，那么我们可以把参数做如下修改。

通过把 "Linear（线性）" 改变为 "Bounce（弹性）"，我们可以在移动动态面板的时候加上一些效果，就像 iPhone 里面常见的弹性拖拽一样。

接下来我们使用如下的参数将项目发布到 Axure Share。

发布成功后，我们可以得到如下的移动端的地址（具体方法参加之前章节）：http://duktzo.axshare.com/home.html

读者自己发布的时候，地址会不同，输入自己 Axure RP 生成的地址即可。

我们在 iPhone 上的 Safari 浏览器上打开这个页面，然后添加到主屏幕，运行后我们能够看到如下的画面。

试着拖拽中间的联系人列表，发现它会随着手指的拖动而移动。

腾讯新闻客户端的
横向 / 纵向交织的拖动效果

本章素材位置：
　　10. 腾讯新闻客户端的横向纵
向交织的拖动效果

主要涉及技能：
　　OnDragStart，OnDrag，
OnDragDrop，[[This.x]]，[[This.
y]]，[[DragX]]，[[DragY]]

本章移动 URL：
　　http://pepe9u.axshare.com/
home.html

在前面的章节中，我们学习了简单的在 iPhone 上的滑动效果。本章来做一个复杂一点儿的：同时有横向和纵向滚动的功能。我们选择的例子是腾讯的新闻客户端。

当横向拖动的时候，会切换到下一个新闻类目，从要闻切换到科技。

而且，无论从要闻部分的哪一部分向左拖动，科技部分都是从第一个幻灯新闻开始显示的。

当纵向拖动的时候，我们会看到当前类目下的更多的新闻内容。

新建一个项目，首先，我们仍然向页面区域拖拽一个 320 像素 x568 像素的动态面板控件，属性如下。

名　称	类　型	坐　标	尺　寸
dpMainContainer	Dynamic Panel	X0:Y0	W320:H568

接着向其 State1 中添加状态栏。

名　称	类　型	坐　标	尺　寸	填充色 / 边框色
rectStatus	Rectangle	X0:Y0	W320:H20	#000000/#000000

接着，拖拽 6 个文本控件到界面中，分别设置文本为"要闻""科技""数码""财经""时尚""汽车"。现在界面如下。

我们看到几个标签没有对齐，为此，选中所有文本控件，然后点击工具栏上的水平分布按钮。

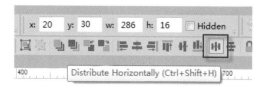

此时，几个标签就变成平均分布的了。

接下来在 6 个文本标签下面，放置一个白色的矩形。这个矩形的作用就是当我们在纵向拖动内容的时候，它能挡住拖拽的内容，其属性设置如下。

名 称	类 型	坐 标	尺 寸	填充色 / 边框色
Rectangle	Horizontal Line	X0:Y20	W320:H50	#FFFFFF/#FFFFFF

然后拖拽一个 Horizontal Line （水平分割线）控件到界面中，属性设置如下。

名 称	类 型	坐 标	尺 寸	填充色 / 边框色
无	Horizontal Line	X0:Y60	W320:H10	无 #CCCCCC

接下来是 4 个菜单栏，与微信相似，背景颜色和文本发生了变化。我们把背景和边框都设置为白色，然后拖拽一个 Horizontal Line （水平分割线）控件到界面中，属性设置如下。

名 称	类 型	坐 标	尺 寸	填充色 / 边框色
无	Horizontal Line	X0:Y514	W320:H10	无 #CCCCCC

现在动态面板的 State1 界面看起来是这样的。

接下来添加如下的动态面板控件到 State1 中，作为主容器。

名　称	类　型	坐　标	尺　寸	填充色／边框色
dyDragContainer	Dynamic Panel	X0:Y65	W320:H454	无／无

双击这个主容器，开始编辑 State1。

这里要说明一下，我们要同时实现横向和纵向的拖动，而不是纵向的拖动和横向的滑动，这两者是有区别的。滑动就是第 7 章中的效果，没有过渡。而拖动是随着手指的移动一点点地移动的。所以，我们的横向拖动的实现方式不是采用 OnSwipeLeft 和 OnSwipeRight 事件，而是同样地使用 OnDrag 事件。

我们向 State1 中添加两个动态面板控件，属性设置如下。

名　称	类　型	坐　标	尺　寸
dpContainerNews	Dynamic Panel	X0:Y0	W320:H1050
dpContainerTech	Dynamic Panel	X0:Y0	W320:H1050

这两个控件分别用于显示要闻和科技新闻。因为我们要实现拖动效果，所以要闻和科技新闻两个板块必须同时存在于一个动态面板的状态中，而不是分别属于同一个动态面板的不同状态。

接下来，双击 dpCntainerNews，向其中添加一些示例的内容，用于模拟"要闻"模块。

我们同样也向 dpCntainerTech 添加如下的元素。

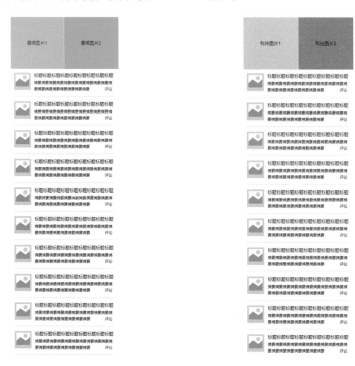

现在在 dpDragContainer 的 State1 中看起来项目是这样的。

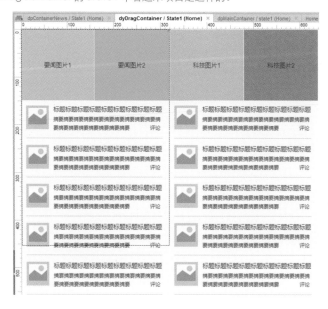

现在所有的元素都添加好了，关键的就是来添加 OnDrag 事件了。我们把整个过程分成几个步骤来完成。

第一步就是我们如何知道用户是在进行横向拖动还是纵向拖动。判断的方式很简单，就是如果在横向的方向上用户拖动的距离比纵向的方向上拖动的距离大，那么我们就认为用户是在横向拖动，否则就是在纵向拖动（很难在横向和纵向拖动相同的距离）。在 Axure RP 7.0 中有预先指定的一个参数 DragX，用于记录在横向上拖拽的距离。

> 但是请注意，当向左侧拖动的时候，DragX 是负值，向右拖动的时候，DragX 是正值。对于 DragY 来说，也是一样的。

所以，用比较逻辑的方式来说，如果 DragX 的绝对值大于 DragY 的绝对值，那么我们就认为用户是在进行横向拖动，否则就是纵向拖动。为此，我们要使用 OnDragStart 事件，在开始拖拽 OnDrag 之前，确定一下用户的拖拽方向。

其实 OnDragStart 事件并不是在拖拽之前发生的，而是在用户的拖拽行为已经开始了，如我们的手指已经完成拖拽了，但是我们拖拽的物体还没有跟随手指发生 OnDrag 动作之前发生的动作。

所以，我们先选中 dpContainerNews，然后双击它的 OnDragStart 事件，在打开的窗口中点击 "Add Conditoin"，然后在出现的窗口中的第一个下拉列表中选择 "Value"。

然后点击第二个输入框旁边的 "fx"，出现如下的窗口。

我们点击"Insert Variable or Function.."，出现如下的窗口。

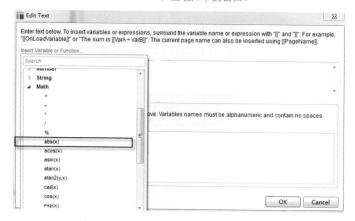

我们在弹出的下拉列表中的 Math 部分，选择 abs（x）函数。这个函数是用来计算一个变量 x 的绝对值的。选择后，界面如下图所示。

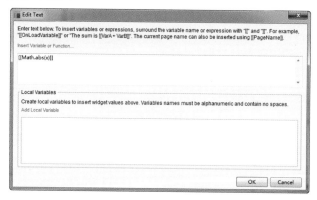

然后我们选中 [[Math. ads(x)]]，再点击"Insert Variable or Function"，如下图所示。

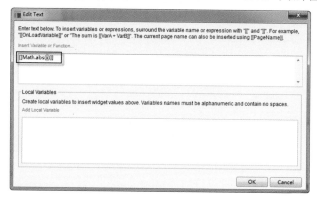

在下拉列表中选择 Cursor 部分的 DragX 变量，如下图所示。

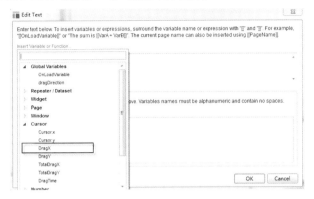

选择后，现在窗口中的内容如下图所示。

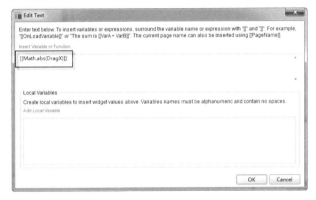

我们点击"OK"按钮确认，回到条件编辑窗口。在中间的条件中选择"is greater than"，接下来的列表中同样选择 value，然后在最后一个输入框中按照同样的方式输入 [[Math.abs(DragY)]]。完成后，整个条件，如下图所示。

这个条件，恰恰就是我们前面讨论的——如果在横向上比纵向上移动的距离大。那么如果这个条件成立的话，我们要做什么呢？

我们先创建一个变量 dragDirection。如果是在横向上移动，我们就给它赋值为 "horizontal"，如果是在纵向上移动，我们就给它赋值为 "vertical"。回到刚才的条件窗口中，点击 "OK" 按钮，又回到用例编辑器。我们在左侧的动作列表中选择 "Set Variable Value"，然后在右侧的配置动作中选择 "Add variable"。

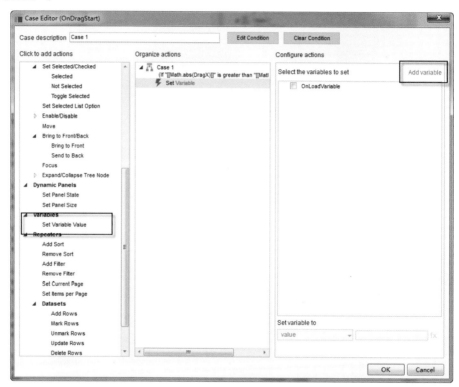

此时出现如下页面，我们点击绿色的加号，创建一个新的变量，命名为 dragDirection。

点击"OK"按钮后回到用例编辑器，选中这个变量，然后给它赋值"horizontal"，如下图所示。

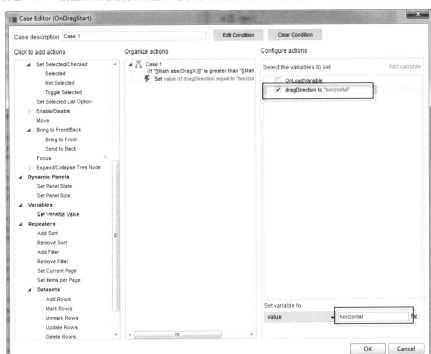

点击"OK"按钮后，我们看到现在 OnDragStart 事件有了一个用例，如下图所示。

▲ 🖰 OnDragStart
　　▲ 📊 Case 1
　　　　(If "[[Math.abs(DragX)]]" is greater than "[[Math.abs(DragY)]]")
　　　　🔆 Set value of dragDirection equal to "horizontal"

然后我们再次双击 OnDragStart 事件，添加一个 Case2，可以看到，Case2 会自动出现一个"Else If True"的条件。也就是说，Case2 只有在 Case1 的条件不成立的时候才会被执行。Case1 不成立的条件就是用户在 Y 方向上移动的距离比 X 方向上要大，也就是用户在进行纵向的拖动。那么这个时候，我们唯一要做的就是把变量 dragDirection 的值赋为"vertical"。所以，全部完成后，OnDragStart 的动作如下图所示。

▲ 🖰 OnDragStart
　　▲ 📊 Case 1
　　　　(If "[[Math.abs(DragX)]]" is greater than "[[Math.abs(DragY)]]")
　　　　🔆 Set value of dragDirection equal to "horizontal"
　　▲ 📊 Case 2
　　　　(Else If True)
　　　　🔆 Set value of dragDirection equal to "vertical"

第一步完成了，下面我们看第二步。第二步就是移动 dpContainerNews 动态面板了。但是我们要注意有几种情况是不移动面板的。

当 DragY 大于零（也就是向下拖拽的时候），如果这个时候动态面板的 Y 坐标已经大于等于零了，也就是我们已经拖拽到了动态面板的最顶部，这个时候就不应该在 Y 方向上进行向下拖动了。

同理，当 DragY 小于零（也就是向上拖拽的时候），如果这个时候动态面板的 Y 坐标已经小于等于 −595 了，也就是我们已经拖拽到了动态面板的最底部，这个时候就不应该在 Y 方向上进行向上拖动了。

通过这两个设定，我们保证了在垂直方向上拖动时，不会把内容拖出边界。

同样地，当 DragX 大于零（也就是向右拖拽的时候），如果这个时候动态面板的 X 坐标已经大于等于零了，也就是我们已经拖拽到了动态面板的最左边，这个时候就不应该在 X 方向上进行向右拖动了。

那么我们什么时候不能再向左拖动呢？当科技动态面板 dpContainerTech 的最右侧已经拖拽到了边缘的时候，即当 DragX 小于零（也就是向左拖拽的时候），如果这个时候 dpContainerTech 动态面板的 X 坐标已经小于等于零了，也就是我们已经拖拽到了动态面板的最左边，这个时候就不应该在 X 方向上进行向左拖动了。但是这个判断需要加在 dpContainerTech 的 OnDrag 事件上。

除以上场景外，动态面板 dpContainerNews 都应该是可以被拖动的。如果 dragDirection 是 "horizontal"，那么我们就要让 dpContainerNews 和 dpContainerTech 跟随 X 方向上的拖拽。注意这个时候在 X 方向上，我们要同时拖动两个动态面板，因为要实现过渡。

如果 dragDirection 是 "vertical"，那么我们仅在 Y 方向上移动 dpContainerNews 即可，不用移动 dpContainerTech。

所以，根据上述的逻辑，我们给 dpContainerNews 添加如下的 OnDrag 事件。

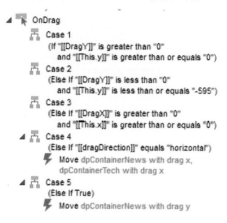

以几乎相同的逻辑，我们为 dpContainerTech 添加如下的 OnDrag 事件。

▲ 🖱 OnDrag
   🔧 Case 1
     (If "[[DragY]]" is greater than "0"
      and "[[This.y]]" is greater than or equals "0")
   🔧 Case 2
     (Else If "[[DragY]]" is less than "0"
      and "[[This.y]]" is less than or equals "-595")
   🔧 Case 3
     (Else If "[[DragX]]" is less than "0"
      and "[[This.x]]" is less than or equals "0")
  ▲ 🔧 Case 4
     (Else If "[[dragDirection]]" equals "horizontal")
    ⚡ Move dpContainerNews with drag x,
      dpContainerTech with drag x
  ▲ 🔧 Case 5
     (Else If True)
    ⚡ Move dpContainerTech with drag y

二者基本是相同的。我们可以生成项目，然后在手机上预览。地址如下：http://pepe9u.axshare.com/home.html。

可以发现，我们已经可以自由地进行拖动了。但是肯定不如 iPhone 上真实的应用程序拖动得那么流畅，毕竟这只是一个原型。

接下来我们进行一些优化工作。首先我们不想出现如下的过渡场景。

也就是页面停在两个状态之间。而且切换的时候，会从一个状态的中间切换到另外一个状态的中间。

为了解决这个问题，我们就需要在拖动结束的时候，判断一下两个动态面板的状态，然后把它们放到合适的位置。这个时候我们要用到 OnDragDrop 事件，也就是拖拽结束之后触发的事件。

对于 dpContainerNews 这个动态面板，如果它已经被向左移动到了超过 x= − 160 这个位置，也就是移动过半，这个时候若是停止了拖拽，我们应该将 dpContainerNews 移出视野，将 dpContainerTech 移入视野。同时，我们要将已经移出视野的 dpContainerNews 的 Y 坐标恢复为 0，从而当下次它又被拖入视野时，我们能看到新闻板块是从头部开始展现的。所以，OnDragDrop 的第一个用例如下图所示。

我们看到 "Move dpContainerNews to (-320,[[This.y]]) linear 500ms" 这句中，在输入移动坐标的时候，我们也调用了 [[This.y]] 这样的参数，从而让动态面板可以在其当前的 Y 坐标下进行一个水平的移动。

如果没有移动到超过 *x*= − 160 的位置，也就是说没有移动过半，那么我们就将用户的移动复原。也就是将 dpContainerNews 恢复到 X0: Y0 的位置，然后将 dpContainerTech 恢复到 X320: Y0 的位置。

▲ 🔓 Case 2
　　(Else If "[[This.x]]" is greater than "-160"
　　　and "[[This.x]]" is less than "0")
　　⚡ Move dpContainerTech to (320,0) linear 500ms,
　　　dpContainerNews to (0,[[This.y]]) linear 500ms

同样地，对于 dpContainerTech 这个动态面板，如果已经移动到了超过 *x*=160 的位置，证明移动已经过半，所以这个时候要将 dpContainerTech 移出视野，而将 dpContainerNews 移入视野。

▲ 🖱 OnDragDrop
　▲ 🔓 Case 1
　　(If "[[This.x]]" is greater than "160")
　　⚡ Move dpContainerNews to (0,0) linear 500ms
　　⚡ Move dpContainerTech to (320,[[This.y]]) linear 500ms
　　⚡ Move dpContainerTech to (320,0)

如果还没有移动到超过 *x*=160 的位置，那么就将 dpContainerTech 恢复原状。

▲ 🔓 Case 2
　　(Else If "[[This.x]]" is less than "160"
　　　and "[[This.x]]" is greater than "0")
　　⚡ Move dpContainerTech to (0,[[This.y]]) linear 500ms,
　　　dpContainerNews to (-320,0) linear 500ms

这个时候，我们可以在手机上测试一下，当拖拽结束的时候，界面已经不会停留在中间的位置了，而是会根据停留的位置更加靠近哪个动态面板，而进行最终的位置调整。

至此，我们的这个横向和竖向都可以拖动的原型就制作好了。在显示的原型制作中，其实不用制作这样复杂的效果。要牢记原型只是用来说明问题的，清楚就好了，不用纠结于使用 Axure RP 7.0 制作特别复杂的原型。在这里笔者制作这个原型，主要是为了让大家清楚一些事件之间的配合，以及如何实时地获得控件的坐标。

11

iOS 7 信息应用的删除效果

本章素材位置：
  11. iOS 7 信息应用的删除效果

主要涉及技能：
  OnSwipeLeft，OnSwipeRight，
第三方控件库（Library）

本章移动 URL：
  http://hg7r7d.axshare.com/
home.html

大家都使用过短信服务，如 iOS 7 中的信息应用实现了滑动删除；滑动后出现更多操作的选项也是现在流行的应用交互的效果。接下来我们就来制作这个效果。

我们可以把每条短信看作一个动态面板。每个动态面板的下方都藏了一个"删除"的矩形控件。当我们向左滑动 OnSwipeLeft 的时候，就把动态面板向左移动，露出下面的"删除"矩形。而当向右滑动 OnSwipeRight 的时候，就把动态面板向右移动，隐藏"删除"矩形。如果点击了"删除"矩形，那么就把当天的动态面板隐藏，然后把所有下方的动态面板向上移动。

分析过后，我们就来开始制作。同样地，先添加 320 像素 x568 像素的 dpMainContainer 动态面板，以及 320 像素 x20 像素的黑色状态栏。接着我们添加两个文本控件和一个图标，如下图所示。

右侧这个图标是怎么添加进来的？其实，我们是使用了一个现成的第三方控件库来实现了这个功能。Axure RP 官方网站提供了很多第三方的控件库，包括很多可以用于 iPhone 和 Android 手机的控件库，大家可以在以下网址找到：

http://www.axure.com/community/widget-libraries

我们找到如下的控件库。

iOS 7 Controls & Icons

Created by UX@ME, these iOS7 libraries
include basic UI controls, iPhone 4S/5 bodies,
and iOS7 style icons.

　　该控件库由 UX@ME 制作并提供，是一个免费的控件库。控件库下载完毕后，可以找到 iOS7-Base-UI.rplib 这样一个文件。我们把它保存在跟项目相同的目录下，然后回到 Axure RP 7.0 的控件区域，点击这个三道线的图标，选择 "Load Library" 命令。

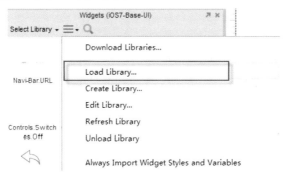

　　然后在出现的文件选择窗口中，找到刚才保存的那个 rplib 文件。双击该文件，我们就会看到这个控件库被加载到了控件区域中，如下图所示。而我们需要用到的图标就在其中。

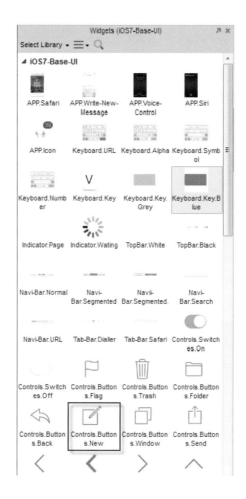

点击"Select Library"就可以看到所有已经加载的控件库。多多利用第三方控件，可以提高工作效率。

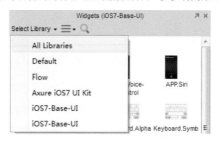

大家要可以多利用第三方控件，这样可以提升自己的效率。没有必要什么都自己做。

现在的界面如下图所示。

然后我们制作短信的搜索框。这个搜索框其实就是一个方角矩形和一个圆角矩形嵌套完成的。所以，我们放置两个矩形在界面中，如下图所示。

名 称	类 型	坐 标	尺 寸	填充色 / 边框色
无	Rectangle	X0:Y56	W320:H40	#C9C9CE/#C9C9CE
无	Rectangle	X8:Y61	W304:H30	#DFDFE2/#DFDFE2

第二个矩形的文本为"搜索"。我们从控件库中找到搜索的图标，也添加进来。完成后的界面如下图所示。

接下来就是添加短信了。一条短息就是一个动态面板。为此，我们先添加一个动态面板控件到页面中，属性设置如下。

名 称	类 型	坐 标	尺 寸
dpText1	Dynamic Panel	X0:Y96	W320:H70

然后，我们双击该动态面板，在它的State1状态中加入几个文本控件和一个水平分割条。要注意的是，背景有一个320像素x70像素的全部白色的矩形。这样才可以遮挡住我们之后要添加的那个红色的"删除"矩形。

10-65795555　　　　　　　　　昨天 ＞
内容内容内容内容内容内容内容内容内容内容内容内容内
容内容内容内容内容内容内容内容内容内容内容

回到主界面，看到如下效果。

然后我们把 dpText1 这个控件复制多个，来代表多个短信的效果，修改一下每个短信的发信人，效果如下图所示。

然后，我们再添加一个"删除"矩形，属性设置如下。

名　称	类　型	坐　标	尺　寸	文　本	填充色／边框色
rectDelete	Rectangle	X250:Y96	W70:H70	删除	#FF3B30/#FF3B30

添加完 "删除" 矩形后，界面效果如下图所示。

然后我们右键单击该矩形，把它放置在下方。

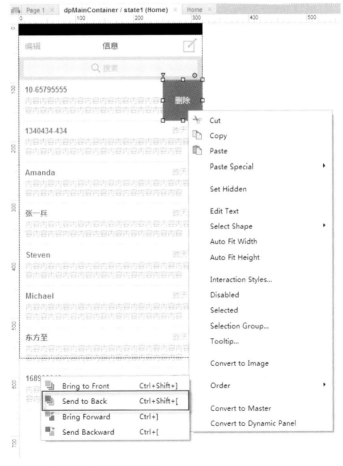

这样，平时我们就不会看见这个删除的矩形。

按照计划，我们要在 dpText1 上添加一个 OnSwipeLeft 和 OnSwipeRight 事件。当然向左滑动的时候，我们将 dpText 移动 70 像素的宽度，让"删除"矩形露出来；而向右滑动的时候，我们把 dpText 1 恢复原位。事件设置如下。

注意我们使用了 [[This.y]] 坐标来保证控件一定是水平移动的。同时也使用了 Swing 效果，让控件移动的时候有一个摆动的动态效果。

然后，我们为"删除"矩形添加一个"删除的效果"，其实很简单，我们只要将所有下面的动态面板向上移动就好了。

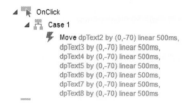

原型生成后，我们在手机上测试，效果已经跟真的短信应用差不多了。

12

下拉缓冲效果

本章素材位置：
　　12. 下拉缓冲效果

主要涉及技能：
　　OnDrag， Wait， 在 Axure
RP 7.0 中使用 GIF 图片

本章移动 URL：
　　http://l2g03x.axshare.com/
home.html

在 iOS 中，很多列表型应用程序都采用了下拉缓冲的效果，本章就来介绍如何制作这个原型效果。

我们仍然使用腾讯的新闻客户端来制作这个效果。我们使用第 10 章中的原型文件。在第 10 章中，如果当前动态面板是位于页面的顶部，那么这个时候是不允许用户向下拖动的，如右图所示。

但是在本章中，我们将允许用户向下拖拽一小段距离，实现下拉缓冲的效果。为此，我们要先制作下拉时会显示出来的缓冲界面。我们向 dpMainContainer 的 State1 中添加如下的动态面板控件。

名　称	类　型	坐　标	尺　寸
dpBuffer	Dynamic Panel	X0:Y0	W320:H50

然后双击它，在它的 State1 中添加如下的元素。

正在加载...
最后更新：刚刚

注意，这里的左侧的缓冲的图片，是一张动态的 GIF 图片。大家可以在章节的素材库中找到这个 load.gif。这里也有一个纯白色的矩形作为底部的背景。回到主界面中，显示效果如下图所示。

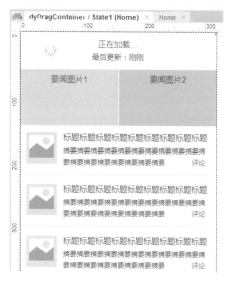

我们右键单击 dpBuffer，将它放置在底层。

接下来，我们需要修改 dpContainerNews 这个动态面板的 OnDrag 事件，让用户可以向下进行拖拽，然后显示隐藏在下面的 dpBuffer 动态面板。

为此，我们找到之前的 OnDrag 事件的如下部分。

这里处理的是当用户向下进行拖动（[[DragY]]>0），并且当前的动态面板仍然处于页面的最上方时的情况。我们为这个条件事件添加如下的动作。

我们首先将 dpContainerNews 向下移动 60 像素，露出下面的显示缓冲的动态面板 dpBuffer，然后等待 3 秒，模拟一个缓冲等待的过程，最后再将 dpContainerNews 移动回原来的位置，效果如下图所示。

这个例子非常简单，而在复杂的例子中，我们可以在等待之后，更新下面的图片和文章内容，以达到一个逼真的好像等待了 3 秒后内容就更新了的效果。

13

图片的单击和双击效果

本章素材位置：
    13. 图片的单击和双击效果

主要涉及技能：
    OnDoubleClick, 使用动态面板的 OnMove 事件作为函数。

本章移动 URL：
    http://kywbkl.axshare.com/home.html

使用 iOS 的图片应用程序，当查看一张图片的时候，如果单击这个图片，就会发现 iOS 会隐藏所有的其他控件，让我们在一个黑色的背景下仅浏览该张图片；如果双击这个图片，图片就会被放大，以供查看细节。

现在我们来制作这个简单的效果。首先，我们仍然新建一个项目，并且添加好状态栏。然后，拖拽一些文本控件到页面中。

名 称	类 型	坐 标	尺 寸	文 本	字 体	颜 色
无	Label	X30:Y31	W33:H19	时刻	Arial/16	#007AFF
无	Label	X140:Y31	W41:H19	23/56	Arial/16/ 黑	#333333
无	Label	X277:Y31	W33:H19	编辑	Arial/16	#007AFF

接下来是一个灰色的背景矩形，设置如下。

名 称	类 型	坐 标	尺 寸	填充色 / 边框色
无	Rectangle	X0:Y20	W320:H50	# F8F8F8/# F8F8F8

然后是一个水平分割线，设置如下。

名　称	类　型	坐　标	尺　寸	填充色／边框色
无	Horizontal Line	X0:Y63	W320:H10	# B3B2AE/# B3B2AE

现在界面的显示效果如下图所示。

如下符号也来自第三方控件库。

然后添加一张笔者自己拍摄的照片，如下图所示。该图片被命名为"imagesmall"。

接下来我们制作页面底部的内容，拖拽如下内容到页面中（来自第三方控件库）。

接下来是一个灰色的背景矩形，设置如下。

名 称	类 型	坐 标	尺 寸	填充色 / 边框色
无	Rectangle	X0:Y519	W320:H50	# F8F8F8/# F8F8F8

然后是一个水平分割线，设置如下。

名称	类型	坐标	尺寸	填充色 / 边框色
无	Horizontal Line	X0:Y512	W320:H10	# B3B2AE/# B3B2AE

界面整体看起来的效果如下图所示。

看起来是不是跟之前的这个截图很相似？

唯一不同的是状态栏的颜色。因为我们在 Axure RP 7.0 中，无法非常自由地去控制状态栏的颜色及是否出现等。在笔者目前使用的 7.0.0.3142 版本中，还只能使用黑色的状态栏。

接下来，我们添加如下两个动态面板到页面中，用来在点击的时候覆盖上下的按钮部分。其设置如下。

名 称	类 型	坐 标	尺 寸
dpUpBlack	Dynamic Panel	X0:Y20	W320:H60
dpDownBlack	Dynamic Panel	X0:Y507	W320:H60

然后在每个动态面板中添加一个与动态面板同样大小的黑色矩形。现在界面的显示效果如下图所示。

然后我们分别右键单击这两个动态面板，将它们设置为隐藏。

接下来我们先为图片添加如下的 OnClick 事件。

Toggle 的意思就是在显示和隐藏之间进行切换。Fade 的意思就是在显示和隐藏的时候，有一个渐渐隐藏和渐渐显现的效果。

单击的效果很容易就实现了。但是双击的效果又怎样来实现呢？大家可以注意到，当在 iOS 里面双击图片的时候，根据双击图片的区域不同，图片放大的区域是不同的，而不仅仅是对图片整体的一个放大。为了达到这个效果，我们需要一些数学计算。这里需要一些小技巧，有兴趣的读者可以接着看，没兴趣的读者可以跳过。

我们目前的图片尺寸是 320 像素 x428 像素。我们把这个图片先用一个 320 像素 x428 像素的，位于相同位置的动态面板替换，动态面板命名为 dpImage。然后把原来的图片放置在 State1 中，并且把 Stage1 的名称替换为 "SmallPicture"，然后将之前的小图 imageSmall 放在 X0:Y0 的位置。接着，我们为这个动态面板添加一个叫作 "BigPicture" 的新的状态，并且把这张图片的原图，放置在 X0:Y0 的地方。图片的尺寸为 W2448:H3264，并且把这张大图命名为 "imageBig"。现在界面的显示效果如下图所示。

如何计算出要放大图片的哪一部分呢？我们现在有一大一小两张内容一模一样的图，可以通过 Axure RP 7.0 中的 Cursor.x 和 Cursor.y 两个全局变量来获取到鼠标或者手指当前的点击的位置。

我们要做的是：将 SmallPicture 上的点击位置，映射到 BigPicture 上相对应的位置，然后以此位置为中心点，取一个 320 像素 x428 像素的区域，然后将这个区域显示在手机界面上。如果用图来标识，具体如下图所示。

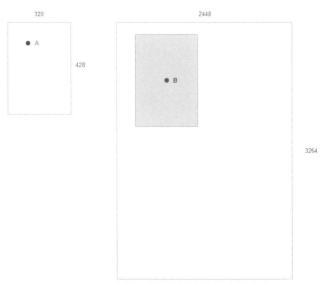

　　我们就是要在用户双击左侧的 A 红点的时候，将 B 红点周围的灰色区域显示在刚添加的动态面板 dpImage 上。

　　所以，第一步就是如何获得 A 红点的坐标。这个很容易，因为我们可以通过 Cursor.x 和 Cursor.y 来获得点击的位置，在编辑器中可以找到这两个预置的变量，如下图所示。

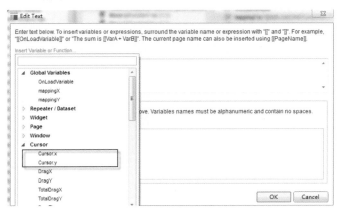

　　但是 A 的坐标并不是 Cursor.x 和 Cursor.y，因为 Cursor.x 和 Cursor.y 是相对于整个应用的。而我们需要的 A 坐标是相对于 SmallImage 的左上角的，为此，我们需要将 Cursor.y 减去 80 像素，也就是 SmallImage 图片本身左上角的坐标 X0:Y80。

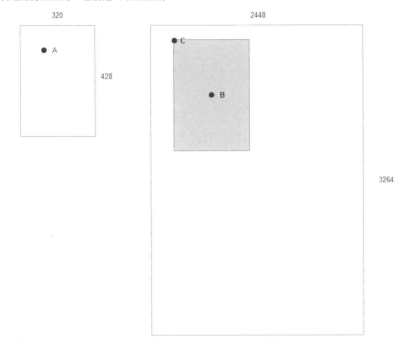

获得 A 点的位置后，我们要按照等比例的方式，算出 B 点的位置。因为两张图片的横竖比例是一致的，所以可以得出：

Cursor.x/320=B.x/2448

(Cursor.y – 80)/428=B.y/3264

因为 Cursor.x 和 Cursor.y 是可以获得的，所以我们通过以上公式也就得到了 B 点的坐标。以上计算的最终结果有可能产生小数，所以我们要在结果之前加上一个 Math.ceil 函数。这个函数可以获取大于一个小数的最小的整数的值。所以如果我们计算出来的坐标是 134.1，那么最终结果就是 135。

所以现在我们有如下的结果：

B.x=Math.ceil(2448*Cursor.x/320)

B.y=Math.ceil(3264*(Cursor.y – 80)/428)

我们要做的是以 B 点为中心，"取得"BigImage 上 320 像素 x428 像素的一块地方。所以我们先计算出这块地方的左上角，也就是 C 点的坐标。

因为灰色区域的尺寸是 320x428，所以可以得出：

C.x=B.x – 160

C.y=B.y – 214

那么我们现在是不是只要移动这张大的图片，把 C 点放在 X0:Y0 的地方就可以了呢？差不多了，不过还要处理一些特殊的情况。比如：

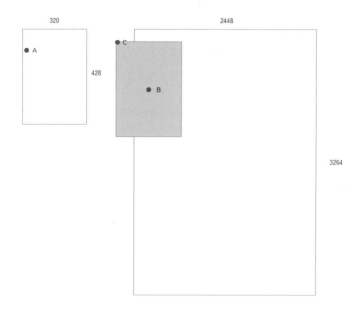

这个时候由于点击的 A 点过于靠近边界，最终计算后，所取的区域超出了图片的范围。这是不行的，我们不能仅取得一个不完整的图片。对于上图这种情况，我们需要将 C.x 手工的变成 0，也就是取这个区域：

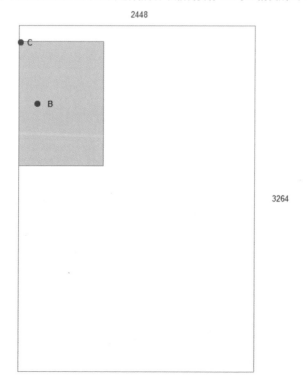

同样地，大家也能够想象其他的情况：

如果 C.x<0，我们就把 C.x 设置为 0。

如果 C.y<0，我们就把 C.y 设置为 0。

如果 C.x+320>2448，我们就把 C.x 设置为 2448 − 320，也就是如下这种情况：

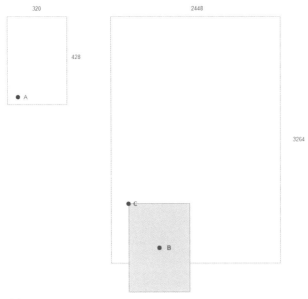

要设置成以下形式：

如果 C.y+428>3264，我们就把 C.y 设置为 3264 − 428。

这样，我们就保证了最终取的区域一定在大图片的边界范围内。

最终，我们只要将 ImageBig 这个图片向左和向上分别移动 C.x 和 C.y 的距离就好了。

经过以上分析，我们先添加两个名称分别为 mappingX 和 mappingY 的变量。添加变量的方式为在用例编辑器中选择 "Set Variable Value"，然后在右侧的配置区域选择 "Add Variable"。

接下来我们来为 imageSmall 添加如下的 OnDoubleClick 双击事件：

Set value of mapping equal to "[[Math.ceil(2448*Cursor.x/320)-160]]"，value of mapping equal to "[[Math.ceil (3264*(Cursor.y-80)/428)-214]]"

根据前述的分析，现在的 mappingX 和 mappingY 中存储的就是 C 点的坐标值。

接下来，我们要做的应该是判断 mappingX 和 mappingY 是否越界了。但是，我们已经执行完了 Case1 了，如何在这个时候再添加判断呢？

这里用到一个技巧，叫作"移动面板函数"。就是我们在 OnDoubleClick 中添加一个 Move 的动作，去移动一个动态面板，然后在这个动态面板的 OnMove 事件中，添加动作（就像在一个函数或者过程中调用另外一个函数一样）。

为此，我们添加一个动态面板到界面中，属性设置如下。

名　称	类　型	坐　标	尺　寸
dpFunction1	Dynamic Panel	X370:Y228	W200:H200

接着为它添加如下的 OnMove 事件：

与我们之前的分析是一致的。

经过如上这个"函数",接下来我们就要移动 imageBig 了。这样我们就需要第二个函数了。为此再添加一个动态面板,属性设置如下。

名 称	类 型	坐 标	尺 寸
dpFunction2	Dynamic Panel	X610:Y228	W200:H200

为它添加如下的 OnMove 事件。

我们先把 dpImage 的状态从 SmallImage 修改为了 BigImage,然后我们将 imageBig 这个图片向左移动 mappingX 的距离,所以这里有一个负号。同样地,也向上移动了 mappingY 的距离。至此,我们就完成了双击局部放大的效果。我们在浏览器中测试效果如下图所示。

双击蓝色的树牌后，显示效果如下图所示。

但是当我们在手机上测试的时候会发现：不支持双击事件！！！

笔者曾经联系过 Axure RP 的支持人员，他们的答复是当用户在同一个控件上添加 OnClick 事件和 OnDoubleClick 事件的时候，OnDoubleClick 事件会失去响应。他们正在努力修正这个漏洞，但是可能由于 iOS 的一些限制，他们目前还无法做到。

无论如何，我们的原型在桌面浏览器中运行顺畅；大家也了解了制作方式，对于动态面板的移动和坐标也有了新的了解。我们就开始下一章吧。

滴滴打车的现在用车效果

本章素材位置：
　　14. 滴滴打车的现在用车效果

主要涉及技能：
　　OnMouse Down,OnMouseUp,
使用动态面板的 OnMove 事件作
为函数。

本章移动 URL：
　　http://ooike8.axshare.com/
home.html

　　滴滴打车是一款很多人必备的应用程序。在使用滴滴打车的时候，当我们选择现在用车的时候，会有三个图标"飞出"，还有一个语音输入的图标，如图所示。

这里的技巧在于以下两点：

1. 按住叫车、松开结束。

2. 回家、取消录音、上班等几个按钮的斜向滑出。

可惜的是，我们无法实现当按下按钮，并且手指滑动到"回家"按钮上的时候，命令"回家"按钮变大。

我们先放入状态栏，然后添加如下元素到界面中：

我们分别介绍每个部分：

（1）这是我们用三个细条的灰色矩形拼接的一个菜单标志。

（2）这是垂直分隔线，颜色为 #CCCCCC。

（3）这是滴滴打车的应用名称，字体为 Arial，颜色是 #B7B8B8，字号是 18。

（4）这是一个 320 像素 x40 像素的灰色矩形，用作背景。

（5）这是一个水平分割线，颜色为 #FF8B01。

（6）这是一个动态面板。在这个动态面板的 State1，我们放置了一张地图的截图图片。

（7）这是一个橘黄色的圆角矩形，用作背景。

（8）这是一个黑色的键盘的 logo。

（9）这是一个垂直分割线。

（10）这是一个麦克风的 logo。这个 logo 来自一个第三方的控件库 iOS7-Like-Icon-Set.rplib，见本章的素材目录。添加这个控件库后，就可以直接使用这些 logo 了。

（11）"现在用车"四个字。我们把这个文本控件命名为 labelCar，之后会用到。

（12）这是一个灰色的矩形，用作背景。

（13）这是一个时钟的 logo，同样来自第三方控件库。

（14）"预约"两个字。

这个界面整体看起来，是不是跟真正的滴滴打车的界面比较相似？

然后，我们把如下的图片添加到（6）这个动态面板的 State2 中去。这是一个虚化处理了的地图，用于模拟开始叫车的时候背景的虚化效果。

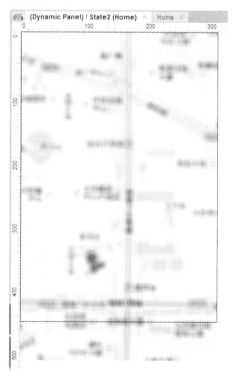

下面我们再添加四个动态面板，内容分别如下：

（1）回家（图样来自第三方控件库）。

（2）取消录音。

（3）上班。

（4）麦克风。

将这四个动态面板控件分别命名为 dpHome、dpCancel、dpWork、dpRecord，界面效果如下图所示。

在初始状态下，我们把它们全部都隐藏。

14

现在我们拖拽一个热区控件，把它覆盖在"现在用车"四个字上。然后为这个热区控件添加如下的 OnMouseDown 事件。

可以看到，当 OnMouseDown 事件触发的时候，我们把动态面板的状态修改为 State2，这个时候背景会变成一张模糊的图片。接着，我们将 labelCar 的文字修改为"松开结束"。然后，我们让四个动态面板在 1.5 秒的时间内淡入。遗憾的是，我们在这里没有办法通过简单的事件让动态面板像真正的滴滴打车中的那样有一个滑动淡出的效果。

接着添加如下的 OnMouseUp 事件，也就是在鼠标抬起的时候，将一切恢复原状。

效果是不是很不错？

15

股票的局部纵向和
横向滚动效果

本章素材位置：
    15. 股票的局部纵向和横
动效果

主要涉及技能：
    OnSwipeLeft, OnSwipeRight

本章移动 URL：
    http://rrf07m.axshare.com/
home.html

iOS 有一个自带的股票软件，可以实时查看很多股票和某只股票的细节。所有内容在一个视野中呈现：上半部显示所有股票的列表，下半部显示某只股票的具体细节，上下两个部分可以分别滚动。

可以看出，这又是一组相对来说比较复杂的动态面板之间的交互。

我们先拖拽如下动态面板控件到界面中。

分别用来装载股票列表、股票明细和底部的提示部分。

名 称	类 型	坐 标	尺 寸
dpStockContainer	Dynamic Panel	X0:Y20	W320:H340
dpDetailContainer	Dynamic Panel	X0:Y360	W320:H168
dpFooter	Dynamic Panel	X0:Y528	W320:H40

我们在 dpStockContainer 的 State1 中再添加另外一个动态面板控件，属性设置如下。

名 称	类 型	坐 标	尺 寸
dpStockList	Dynamic Panel	X0:Y0	W320:H630

我们在这个动态面板的 State1 中添加如下的内容。

000001.SS	2,058.83	+ 15.13
399001.SZ	7,367.80	+ 69.80
AAPL	534.63	- 4.16
0700.HK	525.00	- 21.50
QIHU	90.21	- 2.72
GOOG	550.76	- 18.98
YHOO	34.51	- 1.25
DOW J	16,503.64	- 68.91
FTSE 100	0,695.55	+ 46.41
DAX	9,695.77	+ 66.95
^HSI	22,510.08	+ 5595

这个内容包括一个黑色矩形作为整体的背景，一些白色的文字链，一些红色和绿色的圆角矩形，以及水平分割线，大家应该已经很熟悉这些控件了。

然后我们在 dpDetailContainer 的 State1 里面添加如下的内容。

	Google Inc.		
开盘价	**574.65**	市值	**370.2B**
最高价	**577.77**	52 周最高价	**604.83**
最低价	**549.40**	52 周最低价	**549.40**
成交量	**2.915M**	平均成交量	**884,133**
市盈率	**28.97**	股息	**—**

以假乱真了对吧？这里都是一些文本、图标和水平分割线。唯一要注意的是，我们把"Google Inc."这个文本控件命名为 labelCompanyName，一会儿会用到。

dpDetailContainer 的 State2 如下图所示。

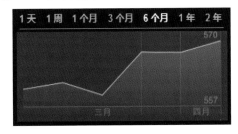

因为在 Axure RP 7.0 中，画曲线和折线还不是一个被支持的功能，所以在这个状态的中部显示的部分，是我们从原始的股票应用程序中截图过来的。

State3 的内容如下图所示。

然后，dpFooter 的 State1 的内容如下。

有的读者可能会问怎么制作出这个小圆点的，其实我们拖拽一个矩形控件到界面中，然后右键选中，选择 "Select Shape" 命令，然后再选择 "Ellipse" 命令，就把它变成了一个椭圆。接着将这个椭圆调整成想要的圆形就可以了。

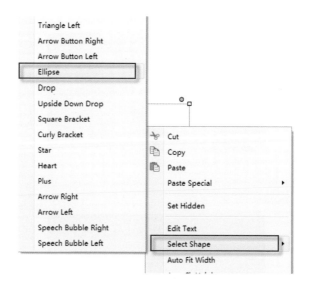

接下来就是添加事件了，我们先回到 dpStockContainer，然后在其 State1 里面的 dpStockList 控件的 State1 中，找到 AAPL 和 GOOG 这两个代码的股票。它们分别代表了 Apple 和 Google 的股票。我们拖拽两个热区控件，分别覆盖住这两个股票的区域，如下图所示。

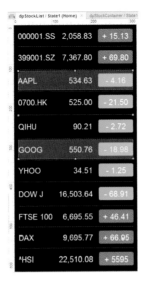

15

为了简单起见，我们仅为这两只股票添加互动信息。AAPL 的 OnClick 事件如下。

同样地，GOOG 的 OnClick 事件如下。

注意，在添加几乎相同的事件的时候，可以使用"复制"和"粘贴"命令。选中 case1，然后右键选择"复制"命令，再选中另外一个空间的 OnClick 事件，选择"粘贴"命令即可。

然后切换到 dpStockContainer 的 State1，选中其中的 dpStockList 控件，为其添加如下的 OnDrag 事件。

OnDrag 事迹触发的时候，只要跟着 y 方向上的拖拽走就好了。

然后添加如下的 OnDragDrop 事件，避免拖过界。

然后我们处理 dpDetailContainer 的事件。它要支持 OnSwipeLeft 和 OnSwipeRight 事件。在这两个事件触发的时候，除了切换状态，还要控制一个小白点的移动。为此，我们在 Home 页面的状态下，先向视野中添加一个白色的小圆点，属性设置如下。

名 称	类 型	坐 标	尺 寸	填充色 / 边框色
rectDot	Rectangle	X136:Y546	W7:H7	#FFFFFF/#FFFFFF

创建好了之后，我们添加如下的 OnSwipeLeft 事件。

我们可以看到，在这个事件中，我们切换 dpDetailContainer 的状态到下一个状态。而且，如果 dpDetailContainer 的状态不是最右边的 State3，我们就向右移动小白点；如果已经到了最右边，我们就向左侧移动小白点。

同理，OnSwipeRight 的事件如下所示。

最后，我们还要修改一下两个 OnClick 的事件，因为在切换股票的时候，我们需要把小白点恢复原位。

LinkedIn 的抽屉式菜单

本章素材位置：
16. LinkedIn 的抽屉式菜单

主要涉及技能：
OnSwipeLeft, OnSwipeRight

本章移动 URL：
http://oi973i.axshare.com/
home.html

如果大家使用过 LinkedIn 的移动客户端的话，会注意到它采用了一个不太一样的菜单设计。在首页的情况下，向右滑动手指，会出现一个菜单。但是首页并没有完全消失，而是变成一个窄条出现在右侧。点击这个窄条就可以恢复首页的展现，如下图所示。

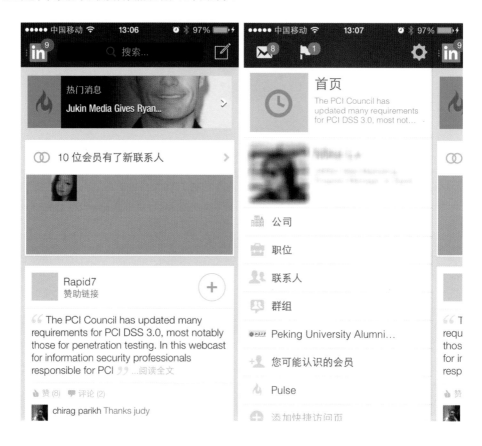

这个设计在很多流行的应用程序中都有尝试，下面我们就来制作这个效果。

为了简单起见，我们并不再像之前那样去模拟 LinkedIn 的每个页面内容，而仅用一些示例的内容来完成这个效果。

我们先放置一个叫作 dpMenu 的动态面板控件到工作区域中，放置如下内容。这只是一个简单的项目列表。

16

菜单
菜单项目1
菜单项目2
菜单项目3
菜单项目4
菜单项目5
菜单项目6
菜单项目7
菜单项目8

然后，再放置一个叫作 dpMenuItems 的动态面板控件，尺寸是 320 像素 x548 像素，添加 8 个 State，分别命名为 State1 到 State8，然后在其中添加如下的示例内容。

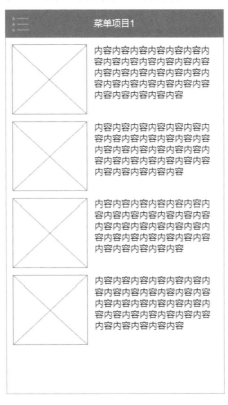

每个 State 的名称都不一样，分别从"菜单项目 1"到"菜单项目 8"。

我们把 dpMenuItems 动态面板控件放置在 dpMenu 动态面板控件的 State1 中，并且放置在最上方。

接下来我们先为 dpMenuItems 添加如下的 OnSwipeRight 事件。

很简单，把它移动到边上就好了。但是我们新建了一个变量叫作 isMenuShown。当 dpMenuItems 被移动到边上的时候，iSMenuShown 为 true；当 dpMenuItems 被移动回来的时候，iSMenuShown 为 false。默认值也是 false。我们在下面会用到这个变量。

同样地，OnSwipeLeft 事件如下。

然后为所有 dpMenuItems 状态里面的如下的图标都添加一个 OnClick 事件。

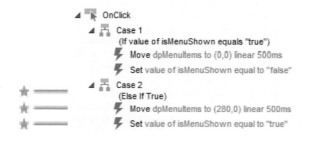

我们用变量 isMenuShown 来做判断，如何移动动态面板。移动完之后，要将 isMenuShown 的值设为相反的值。

最后，再为 dpMenu 里面的每个菜单项目添加如下的 OnClick 事件。

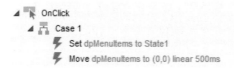

大功告成了，在手机上测试一下，是不是就有抽屉式菜单的感觉了？

iOS 的单选按钮

本章素材位置：
17. iOS 的单选按钮

主要涉及技能：
Move，动态面板。

本章移动 URL：
http://jd8227.axshare.com/
home.html

我们在 iOS 7 的设置中经常会看到如下的单项选择按钮，点击后会有一个滑动的效果。下面我们就单独制作一个这样的按钮来供之后的章节使用。

拖拽一个动态面板控件到界面中，属性设置如下。

名 称	类 型	坐 标	尺 寸
dpRadio	Dynamic Panel	X50:Y50	W51:H31

大家肯定奇怪为什么是这样一个奇怪的尺寸？其实这是笔者通过对 iOS7 的截图"量"出来的。所以未必是 100% 准确，但是看起来几乎是一样的。

我们为这个动态面板控件制作两个状态，State1 修改为"On"，添加一个 State2 命名为"Off"。在"On"中，我们添加如下的矩形控件。

名 称	类 型	坐 标	尺 寸	填充色 / 边框色
无	Rectangle	X0:Y0	W51:H31	#4CD964/#4CD964

这个矩形有一个圆角的效果。因为 Axure RP7.0 中圆角的幅度无法量化，所以大家只能凭感觉处理。圆角矩形的显示效果如下图所示。

然后在"Off"状态中，添加同样规格的矩形，显示的效果如下图所示。

名 称	类 型	坐 标	尺 寸	填充色 / 边框色
无	Rectangle	X0:Y0	W51:H31	#F2F2F2/#F2F2F2

然后回到 home 界面中，添加一个如下属性的圆形到界面中。

名称	类型	坐标	尺寸	填充色 / 边框色
rectCircle	Rectangle	X73:Y53	W25:H25	#FFFFFF/#FFFFFF

现在界面效果如下图所示。已经很像成品了吧？

我们为 rectCircle 添加如下的 OnClick 事件。

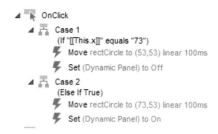

可以看到，我们首先有一个判断，如果 rectCircle 在右侧，那么就移动到左侧，并且将动态面板的状态改变为"Off"。如果 rectCircle 在左侧，也就是动态面板是"Off"状态，那么这个时候就把 rectCircle 移动到右侧，把动态面板的状态设置为"On"。

制作完成后，这个项目可以当作一个控件在其他项目中使用。

axure

Passbook 的 Tab 效果

本章素材位置：
　　18. Passbook 的 Tab 效果

主要涉及技能：
　　动态面板的移动，弧形缺口的制作，控件的阴影。

本章移动 URL：
　　http://9pcwkk.axshare.com/home.html

在 iOS 7 中新添加的 Passbook 应用程序，颠覆了传统的应用程序的内容展现方式。所有的优惠券、会员卡就像活页夹一样层叠地出现在视野中。用户可以上下滑动，选中了哪个优惠券，哪个优惠券就会完全展开，而其他未选中的优惠券就会折叠起来。接下来，我们就来实现这个应用的效果。

在开始之前，我们先简单分析一下这个交互的特点。首先，每个优惠券可以看作一个动态面板，点击其中一个动态面板的时候，我们要把所有其他的动态面板移动到界面的下方，变成很紧凑的一摞。再次单击的时候，我们要把所有的优惠券恢复原位。

所以，这又是一个精确控制多个动态面板位置和移动的应用。为此，我们先把工具栏放置进来。接着放置一个灰色的矩形，尺寸为 320 像素 x548 像素，覆盖在整个背景上，颜色为 #999999。然后，我们放置一个如下的圆角矩形，用来制作第一个 Passbook 扫描条码的 Tab。

名 称	类 型	坐 标	尺 寸	填充色/边框色
rectPassbook	Rectangle	X0:Y30	W320:H450	#FFFFFF/#FFFFFF

我们拖拽矩形左上角的黑色三角形，将矩形变成一个圆角矩形，如下图所示。

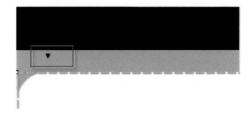

现在整体效果如下图所示。

然后我们向这个白色的圆角矩形中添加如下的内容。

其中，我们使用了一些带叉子的矩形，这是占位符控件，用以标识我们要在这里放置的一些尚未确定具体内容的内容。原始效果如下图所示。

接下来，我们选中所有圆角矩形及其中的内容，然后右键选择"Convert to Dynamic Panel"命令，将所有刚才添加的内容转移到一个动态面板中，如下图所示。

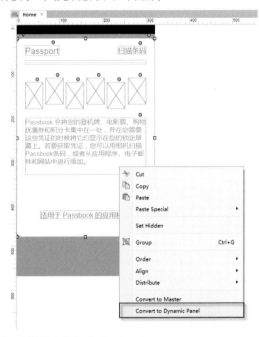

然后将这个新的动态面板控件命名为 dpPassbook。

接下来采用同样的方式，制作这个国航的登机牌。

这里的所有内容都"几乎"是我们自己制作的。除了国航的 Logo、中间的飞机 Logo 及二维码是从原应用程序当中截图而来的。截图的方法很简单，只要在原图上右键单击，然后选择"Crop Image"（剪切图片）命令即可，如下图所示。

我们将第二个动态面板控件命名为 dpAirChina1。

为了简单起见，我们再添加另外两个来自国航的登机牌动态面板控件，分别命名为 dpAirChina2 和 dpAirChina3。

然后，我们添加一个来自大众点评的优惠券，如下图所示。

有读者可能会问，那个黑色的半圆是怎么做出来的。只要做一个黑色的圆，然后将 Y 坐标修改为负值，让大部分圆处于界面的外部就可以了。但是我们必须把所有的元素都装在一个动态面板控件中才可以。为此，我们在界面中添加一个动态面板控件，属性设置如下。

名　称	类　型	坐　标	尺　寸
无	Dynamic Panel	X0:Y0	W320:H450

　　然后把所有刚才制作的控件都剪切后添加到刚才的这个动态面板控件的 State1 中。这个时候，界面的显示效果如下图所示。

这个动态面板控件命名为 dpDianping。

最后一个面板就是美团网的优惠券，如下图所示。

自然，这个动态面板控件就命名为 dpMeituan。

为此，我们先在 Home 页面的主视觉中添加一个新的动态面板控件，该动态面板控件的作用就是用来遮挡我们不需要展现的部分。动态面板的属性设置如下。

名　称	类　型	坐　标	尺　寸
dpMainContainer	Dynamic Panel	X0:Y20	W320:H548

然后我们把之前制作的 6 个动态面板控件都剪切到 dpMainContainer 的 State1 中。并且，我们将这 6 个动态面板控件在 State1 中的坐标按照如下的值进行设置。

名　称	类　型	坐　标
dpPassbook	Dynamic Panel	X0:Y0
dpAirChina1	Dynamic Panel	X0:Y90
dpAirChina2	Dynamic Panel	X0:Y180
dpDianping	Dynamic Panel	X0:Y360
dpMeituan	Dynamic Panel	X0:Y450

现在界面的显示效果如下图所示。

我们看到三个登机牌因为背景颜色相近，所以没有明显的分界线。为此，我们编辑一下登机牌相关的动态面板的背景矩形。选中一个蓝色的背景矩形，然后在右侧的控件属性区域中找到如下的按钮。

这个中间的按钮是来控制控件的内阴影的，最左侧的那个按钮是控制外阴影的。我们为这个控件添加一个 x 方向上没有，但是在 y 方向上，只有控件最上部向下一个像素的，颜色为 #224D9C 的阴影。我们处理完三个登机牌动态面板的背景后，现在界面的显示效果如下图所示。

是不是三个登机牌之间的界限明显了一些？

现在我们开始添加点击事件。先从 dpPassbook 开始。当用户点击这个动态面板的时候，我们希望所有其他的动态面板都移动到页面的下方去，显示效果如下。

所以，我们为 dpPassbook 添加如下的 OnClick 事件。

> ◢ ▶ OnClick
> ◢ ⊞ Case 1
> ⚡ **Move** dpAirChina1 to (0,459) swing 500ms,
> dpAirChina2 to (0,466) swing 500ms,
> dpAirChina3 to (0,473) swing 500ms,
> dpDianping to (0,480) swing 500ms,
> dpMeituan to (0,487) swing 500ms

我们可以在浏览器中测试一下，这个时候当我们单击 dpPassbook 的时候，所有其他的动态面板就都会移动到页面的下方，如下图所示。

对于 OnClick 事件，我们希望的是当动态面板都均匀分布的时候点击，那么把除点击外的其他面板都移动到页面下方；而当其他动态面板都在页面下方的时候点击，就把所有的动态面板恢复原位。为此，我们为 OnClick 事件添加如下的条件。

这样，我们就可以在折叠和展开之间切换动态面板的位置了。

接下来，我们为 dpAirChina1 添加 OnClick 事件如下（注意利用复制和粘贴功能）。

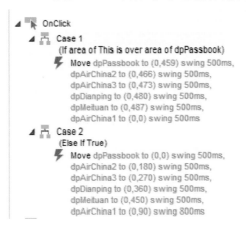

这其中有几个有区别的地方。第一，我们修改了动作发生的条件。第二，我们在移动其他动态面板的时候，也要把 dpAirChina1 这个动态面板移动到 X0：Y0 的位置。第三，我们需要在恢复动态面板的时候，将 dpAirChina1 恢复到 X0：Y90，但是速度要慢一点儿，这样才能跟其他面板的移动同步。所以其他恢复是 500 毫秒，而移动 dpAirChina1 的时间是 800 毫秒。这个时间是笔者通过实验得来的，并没有经验值。

然后，我们再添加 dpAirChina2 动态面板的 OnClick 事件如下。

大家现在已经轻车熟路了吧？只要每次稍微调整动态面板移动的时间，让各个面板的动作协调就可以了。

dpAirChina3 的事件如下。

- ▲ OnClick
  - ▲ Case 1
    (If area of This is over area of dpPassbook)
    - ⚡ Move dpPassbook to (0,459) swing 500ms,
      dpAirChina2 to (0,473) swing 500ms,
      dpAirChina3 to (0,0) swing 500ms,
      dpDianping to (0,480) swing 500ms,
      dpMeituan to (0,487) swing 500ms,
      dpAirChina1 to (0,466) swing 500ms
  - ▲ Case 2
    (Else If True)
    - ⚡ Move dpPassbook to (0,0) swing 500ms,
      dpAirChina2 to (0,180) swing 500ms,
      dpAirChina3 to (0,270) swing 500ms,
      dpDianping to (0,360) swing 500ms,
      dpMeituan to (0,450) swing 500ms,
      dpAirChina1 to (0,90) swing 500ms

dpDianping 的事件如下。

- ▲ OnClick
  - ▲ Case 1
    (If area of This is over area of dpPassbook)
    - ⚡ Move dpPassbook to (0,459) swing 500ms,
      dpAirChina2 to (0,473) swing 500ms,
      dpAirChina3 to (0,480) swing 500ms,
      dpDianping to (0,0) swing 500ms,
      dpMeituan to (0,487) swing 500ms,
      dpAirChina1 to (0,466) swing 500ms
  - ▲ Case 2
    (Else If True)
    - ⚡ Move dpPassbook to (0,0) swing 500ms,
      dpAirChina2 to (0,180) swing 500ms,
      dpAirChina3 to (0,270) swing 500ms,
      dpDianping to (0,360) swing 400ms,
      dpMeituan to (0,450) swing 500ms,
      dpAirChina1 to (0,90) swing 500ms

dpMeituan 的事件如下。

◢ ▶ OnClick
   ◢ ⊓ Case 1
      (If area of This is over area of dpAirChina3)
     ⚡ Move dpPassbook to (0,459) swing 500ms,
         dpAirChina2 to (0,473) swing 500ms,
         dpAirChina3 to (0,480) swing 500ms,
         dpDianping to (0,487) swing 500ms,
         dpMeituan to (0,0) swing 500ms,
         dpAirChina1 to (0,466) swing 500ms
   ◢ ⊓ Case 2
      (Else If True)
     ⚡ Move dpPassbook to (0,0) swing 500ms,
         dpAirChina2 to (0,180) swing 500ms,
         dpAirChina3 to (0,270) swing 500ms,
         dpDianping to (0,360) swing 500ms,
         dpMeituan to (0,450) swing 300ms,
         dpAirChina1 to (0,90) swing 500ms

生成项目后，在手机上测试，我们会发现跟 Passbook 的效果是很类似的。读者可以通过更加细致的调整动态面板的移动时间，来让界面显得更加流畅。

19

提醒事项

本章素材位置：
    19. 提醒事项

相关主要涉及技能：
    使用动态面板的相关函数，
设置控件文本。

本章移动 URL：
    http://hibmdq.axshare.com/
home.html

本章要介绍的是 iOS 的提醒事项这个应用，其标签页的交互方式非常类似于 Passbook。但是我们主要还是介绍一下如何添加新的提醒事项，也就是在点击一个列表后的处理。

为此，我们先研究一下原应用程序的效果。用户首先看到的是一个空白的列表。

然后点击任何一个空白行，就会出现一个待添加的列表项。

接下来，输入事项名称。

点击"完成"后，就新建了一个代办事项。

所以，我们要做的就是在用户点击空白列表区域的时候，新创建一个复选框和一个输入框，供用户输入。如果用户输入了内容并且点击了"完成"，那么就会保留；如果用户没有输入任何内容就点击了"完成"，那么就将刚才添加的内容移除。

在 Axure RP 7.0 中，并没有可以通过事件实时添加控件的办法，如 OnClick 事件触发的时候，就把一个复选框控件添加到某个坐标。但是我们可以利用动态面板控件的隐藏和显现来制造效果。

为此，我们先向工作区域添加如下的内容：

- 一个320像素x548像素的矩形控件，坐标为X0:Y20，边框和填充颜色为#143C4B。
- 一个320像素x508像素的圆角矩形，坐标为X0:Y20，边框和填充颜色为#F5F5F5。
- 几个文本控件，文字分别为"提醒事项""无项目""编辑""显示已完成的项目"。字体大小和颜色我们都使用了跟原应用程序基本一致的设置。
- 几个用于分割的横线。

在制作好这些内容后，界面的显示效果如下图所示。

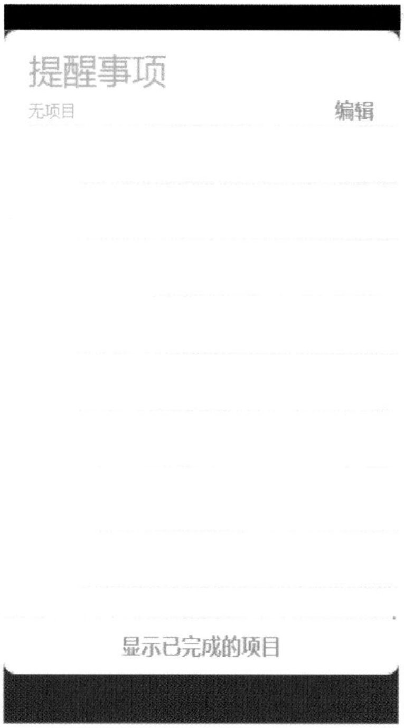

然后就开始制作我们想要的效果。

接下来添加一个动态面板控件到界面中，属性设置如下。

名　称	类　型	坐　标	尺　寸
dpItem1	Dynamic Panel	X20:Y108	W25:H280

我们先向这个动态面板控件的 State1 中添加一个圆圈，属性设置如下。

名　称	类　型	坐　标	尺　寸	边框色／填充色
rectItem1	Rectangle	X0:Y0	W25:H25	#CCCCCC/ 无

然后再添加一个文本输入控件，属性设置如下，并将其边框设置为隐藏。方法是鼠标右键单击该文本输入框，然后选择 "Hide Border" 命令。

名　称	类　型	坐　标	尺　寸	边框色／填充色
TxtItem1	Text Field	X40:Y0	W240:H25	无 /#F5F5F5

回到主界面，在浏览器中先测试原型，显示效果如下图所示。

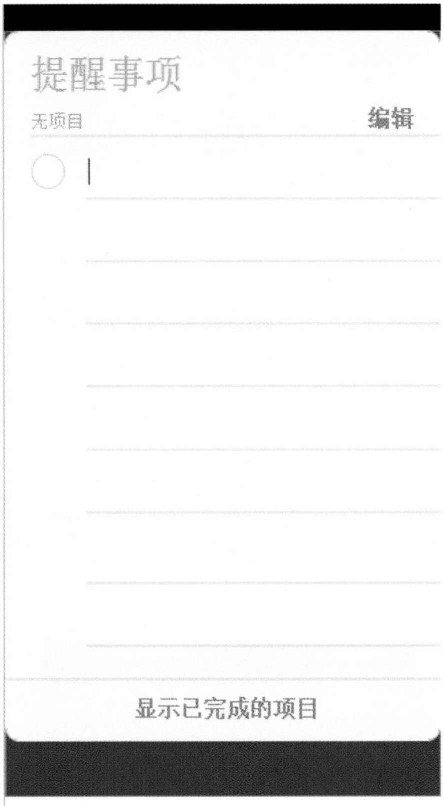

我们在界面上是看不到那个文本输入框的，因为它的背景色被设置为与灰色背景同色。我们可以用鼠标点击那个区域，然后就会看到一个闪烁的待输入的光标。

接下来我们把 dpItem1 这个动态面板控件设置为隐藏。

然后我们选中"编辑"这个文本控件，将它命名为 labelAction。之后我们要用到这个按钮。接着，把"无项目"这个文本控件命名为 labelMsg。

我们把 dpItem1 复制多份，分别命名为 dpItem2、dpItem3 和 dpItem4，目前足够我们的原型使用了。每个动态面板控件里面的那个原型和文本输入控件，自然也要修改为 rectItem2、txtItem2 等。

最后，我们要在所有的控件上方添加一个热区控件，来接受用户的点击事件。它的尺寸为 320 像素 x384 像素，坐标为 X0:Y95。我们将这个热区控件命名为 hsScreen。

下面首先要做的就是在项目表为空的时候，如果点击 hsScreen，那么就把 dpItem1 显示出来，等待用户添加。我们需要让 txtItem1 获得输入焦点。同时还要把"编辑"文本控件的文字修改为"完成"。

为此，我们先为 hsScreen 添加如下的 OnClick 事件。

然后我们可以在浏览器中测试一下，当我们点击空白的列表区域的时候，一个待创建的条目就会出现，等待我们的输入。

接着，我们要制作用户输入后点击"完成"的效果。点击"完成"后，这个新建的条目就会被保留下来。所以，我们为"编辑"/"完成"文本控件添加如下的 OnClick 事件。

dpFunction 是我们需要添加的一个新的动态面板控件。我们利用这个控件来实现一个函数的调用。然后我们为 dpFunction1 添加如下的 OnMove 事件。

其实就是判断一下，如果哪个 dpItem 动态面板里面的 txtItem 不为空，证明用户添加了内容。只要用户添加了内容，我们就不再隐藏该条目了，而是把条目显示出来。这样就足够了吗？并非如此，我们还要照顾一下之前添加的 labelMsg 这个文本控件。当用户没有添加任何项目的时候，它显示"无项目"，但是当用户添加条目之后，它的文本就应该被显示为"1 项""2 项""3 项"这样的值。所以，我们再次修改一下 dpFunction1 的 OnMove 事件，如下所示。

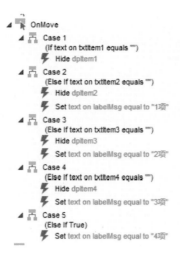

在移动动态面板 dpFunction1 后，我们还要把文本从"完成"修改回"编辑"，并且将之前隐藏的热区控件再显示出来，等待用户的下一次点击。

我们在浏览器中测试一下，发现添加第一个项目似乎是没有问题了。但是当第一个项目添加完之后，要添加第二个项目的时候，就不对了。因为再点击，发现还是第一个项目里面的 txtItem1 获得了焦点，而不是像我们想的那样 dpItem2 显示出来。为此，我们要修改 hsScreen 的 OnClick 事件为如下内容。

我们加了一系列的判断条件，当某个 txtItem 为空的时候，就证明当用户点击的时候，就是要编辑和添加这个 dpItem 了，那么我们就把该 dpItem 显示出来。

至此，我们完成了提醒事项的添加条目的内容。

20

时钟拖拽

本章素材位置：
20. 时钟拖拽

主要涉及技能：
使用动态面板的相关函数，拖拽效果的实现，矩形的阴影，动态面板的 OnDragStart、OnDrag 和 OnDragDrop 事件。

本章移动 URL：
http://hzimkb.axshare.com/home.html

在iOS的时钟应用程序中，用户可以添加多个地区的时钟，并且可以通过拖拽，对时钟的顺序进行调整。本章就来制作这个效果。通过本章的学习，大家可以对原型中如何实现拖拽效果有更深的理解。

我们先来分析一下问题。我们要制作的是一个如下图所示的界面。

然后当用户拖拽的时候，会产生如下的效果。

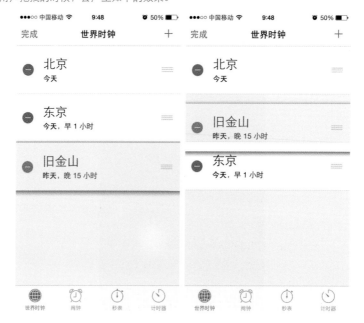

用户结束拖拽的时候，也就是我们常说的"放下"的时候，会产生如下的效果。

所以，对于每一个时钟来说，至少有两个状态，一个是正常的状态，一个被拖拽时候的状态。我们省略了编辑状态。也就是说，我们的原型中的时钟是可以直接拖拽的，而不用先点击"编辑"按钮才可以拖拽。

对于正常的状态，如下图所示，是带表盘的状态。

拖拽时候的状态，如下图所示，是隐藏了表盘，并且背景是透明（不是白色）的状态。

北京
今天

也就是说，我们可以作出如下结论：

▪ 每个时钟是一个具有两个状态的动态面板，一个是正常状态，一个是拖拽状态。

▪ 在拖拽的时候，我们需要将动态面板的状态设置为拖拽状态。

▪ 当拖拽结束的时候，我们需要将动态面板的状态设置为正常，同时，还要在放下的时候，对动态面板的位置进行一些微调。不能让一个时钟"摞在"另外一个时钟上面。

经过分析之后，我们就开始制作这个原型。因为时钟应用有一个灰色的背景，所以我们先放置如下内容到界面中。

名　称	类　型	坐　标	尺　寸	文　本	边框色／填充色
无	Rectangle	X0:Y20	W320:H45	世界时钟	#F7F7F8/#F7F7F8
无	Rectangle	X0:Y65	W320:H503	无	#F7F7F8/#F7F7F8

现在界面的显示效果如下图所示。

世界时钟

接下来我们制作第一个时钟。为此我们拖拽一个动态面板控件到界面中，属性设置如下。

名　称	类　型	坐　标	尺　寸
dpBeijingTime	Dynamic Panel	X0:Y65	W320:H95

我们双击它，开始编辑 State1。先把 State1 改名为 Normal。然后向其中添加如下的内容。

首先是两个水平分割线，属性设置如下。

名 称	类 型	坐 标	尺 寸	边框颜色
无	Horizontal Line	X0:Y-5	W320:H10	#CCCCCC
无	Horizontal Line	X0:Y85	W320:H10	#CCCCCC

然后以一个纯白色的矩形作为背景，保证动态面板下面的内容不露出来，属性设置如下。

名 称	类 型	坐 标	尺 寸	填充色 / 边框颜色
无	Rectangle	X0:Y0	W320:H90	#FFFFFF/#FFFFFF

接着是两个文本控件，属性设置如下。

名 称	类 型	坐 标	文 本	尺 寸	颜 色
无	Label	X20:Y23	北京	22	#FFFFFF/ 黑体
无	Label	X22:Y54	今天	13	#FFFFFF

最后是一个来自于截图的时钟的图片，如下所示。

现在整个界面的显示效果如下。

然后我们为 dpBeijingTime 添加一个新的状态，命名为 Dragging。同样地，我们会为 Dragging 状态添加如下的内容。

首先是一个矩形控件，这个矩形控件有点儿特殊。原因在于为了加强这个矩形的边框的质感，我们将为它添加一些阴影。

名 称	类 型	坐 标	尺 寸	填充色 / 边框颜色
无	Rectangle	X0:Y0	W320:H90	无 /#EFEFF4

我们选中这个矩形，然后在控件属性区域，选中阴影，我们为控件添加一个 Y 方向上的 2 像素的阴影，阴影的颜色为 #000000。

然后再同样地添加两个文本控件，属性设置如下。

名 称	类 型	坐 标	文 本	尺 寸	颜 色
无	Label	X20:Y23	北京	22	#FFFFFF/ 黑体
无	Label	X22:Y54	今天	13	#FFFFFF

现在状态 Dragging 的效果如下图所示。

北京
今天

需要注意的是，其实这个状态是透明的，因为我们没有添加一个白色的背景矩形。

　　dpBeijingTime 就制作好了。接下来我们制作 dpShanghaiTime，也就是上海时间的时钟。上海时钟的制作跟北京的完全一样，但是 dpShanghaiTime 这个动态面板控件的属性设置如下。

名　称	类　型	坐　标	尺　寸
dpShanghaiTime	Dynamic Panel	X0:Y155	W320:H95

　　细心的读者可能会发现一个事实，就是 dpBeijingTime 的高度是 95 像素，它在 Y 方向上的坐标是 65。所以 dpBeijingTime 的下边框的 Y 坐标应该是 160。但是 dpShanghaiTime 的坐标却设置在了 Y155 的位置，所以两个动态面板有 5 像素的重叠。这个重叠是因为我们为每个动态面板都设置了上下两个边框，但是在实际的显示中，又只有一个边框被显示出来。所以我们需要重叠一下，从而盖住一个边框。

　　dpShanghaiTime 跟 dpBeijingTime 除了文本不一样外，是一模一样的。

　　接着，我们添加一个不太一样的旧金山时间 dpSanfranciscoTime。这个动态面板控件的属性设置如下。

名　称	类　型	坐　标	尺　寸
dpSanfranciscoTime	Dynamic Panel	X0:Y245	W320:H95

　　同 样，dpSanfranciscoTime 与 dpShanghaiTime 也有 5 像素的重叠。

　　至此，所有我们需要的控件都已经添加好了。现在界面的显示效果如下图所示。

我们同样也省略了 iOS 版本中下方的 5 个 icon 的部分，因为暂时不需要制作很多步骤。

接下来就是添加事件的时候了。对于这种复杂的动态面板的操作，我们还是需要使用动态面板的 OnMove 事件作为函数使用。为此，我们先向界面中添加两个用作函数的动态面板，属性设置如下。

名 称	类 型	坐 标	尺 寸
dpMovingBeijing	Dynamic Panel	X440:Y100	W40:H40
dpDroppingBeijing	Dynamic Panel	X440:Y155	W40:H40

可以看出，这两个动态面板将分别用于移动 dpBeijingTime 和放下 dpBeijingTime。

准备好了这两个动态面板后，我们先为 dpBeijingTime 添加如下的 OnDragStart 事件。

第一步是把当前被拖拽的动态面板在垂直于页面的方向上置于顶层，从而保证它在拖动过程中不被其他动态面板挡住。第二步就是把当前被拖拽的动态面板设置为 Dragging 状态。

添加完 OnDragStart 后，我们添加如下的 OnDrag 事件。

这里的第二步需要解释一下。我们其实是把当前被拖拽的控件的 Y 坐标 [[This.y]] 赋值给了一个叫作 movingPanelY 的变量。关于如何创建新的变量的方法，大家可以在前文中查看。这样，我们就能够通过 movingPanelY 来实时记录当前被拖拽的动态面板的 Y 坐标了。这个坐标我们之后会用到。设置完成变量的值之后，我们将 dpMovingBeijing 这个动态面板移动一下，从而可以调用它的 OnMove 事件来完成一些额外的操作。

dpMovingBeijing 的 OnMove 事件如下所示。

```
▲ ⬚ OnMove
  ▲ ⬚ Case 1
       (If "[[movingPanelY]]" is greater than or equals "112"
       and "[[movingPanelY]]" is less than "202")
    ⚡ Move dpShanghaiTime to (0,65) linear 50ms,
       dpSanfranciscoTime to (0,245) linear 50ms
  ▲ ⬚ Case 2
       (Else If "[[movingPanelY]]" is less than "112")
    ⚡ Move dpShanghaiTime to (0,155) linear 50ms,
       dpSanfranciscoTime to (0,245) linear 50ms
  ▲ ⬚ Case 3
       (Else If "[[movingPanelY]]" is greater than or equals "202")
    ⚡ Move dpSanfranciscoTime to (0,155) linear 50ms,
       dpShanghaiTime to (0,65) linear 50ms
  ▲ ⬚ Case 4
       (Else If True)
    ⚡ Wait 0 ms
```

在解释如上事件之前，我们先提一下目前 3 个动态面板的 Y 坐标，分别如下：

- dpBeijingTime，Y坐标为65。

- dpShanghaiTime，Y坐标为155。

- dpSanfranciscoTime，Y坐标为245。

所以，dpBeijingTime 动态面板的中间位置的 Y 坐标为 112 (65+95/2)，dpShanghaiTime 动态面板的中间位置的 Y 坐标为 202 (155+95/2)，如下图所示。

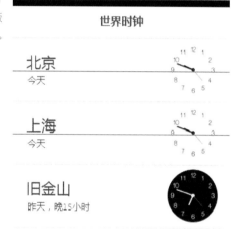

看起来并不在每个动态面板的中间。这是因为有 5 像素的重叠。

为什么我们要提到这两个值呢？请大家看下图。

当我们拖拽北京动态面板到如上图位置的时候，也就是北京动态面板的顶部已经超过了其中间位置的时候，我们要把上海动态面板向上移动，占据原来北京动态面板的位置。

如果我们继续拖动北京动态面板，当它到了下图的位置的时候，我们需要再次移动旧金山动态面板，让它占据中间的动态面板的位置。

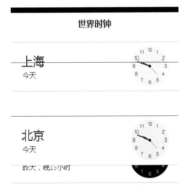

通过这样的设置，我们可以保证在拖拽的过程中，3 个动态面板能够即时地发生位置的变化。所以，让我们再回到之前设置的动作。

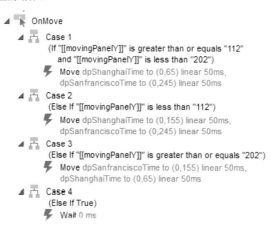

这个动作说的是以下内容：

（1）如果当前移动的动态面板（北京面板）的纵坐标（movingPanelY）已经大于 112（北京动态面板的中间纵坐标）但是小于 202（上海动态面板的中间纵坐标）的时候，我们就把上海动态面板挪到 X0：Y65 的位置（也就是之前北京动态面板的位置），同时我们保持旧金山动态面板不动，仍然放置在 X0：Y245 的位置。

（2）如果当前的移动的动态面板（北京面板）的纵坐标（movingPanelY）小于 112（北京动态面板的中间纵坐标），那么我们就把上海动态面板移动到其开始的位置 X0：Y155，同时保持旧金山动态面板的位置不变。

（3）如果当前移动的动态面板（北京面板）的纵坐标（movingPanelY）大于 202（上海动态面板的中间纵坐标）的时候，我们要把上海动态面板移动到 X0：Y65 的位置，替代北京动态面板，同时还要把旧金山动态面板向上移动到 X0：Y155 的位置。

（4）如果不满足以上任何条件，说明我们还没有把北京动态面板移动到一个合适的位置。在这种情况下，我们不需要做任何事情，让程序等待 0 秒钟，然后立刻回到下一个循环中去。

最后是为 dpBeijingTime 动态面板设置 OnDragDrop 事件。这个事件在我们停止拖拽放下动态面板时被触发。

很容易理解：将面板状态恢复为 Normal，然后移动一下 dpDroppingBeijing。

可以想象到 dpDroppingBeijing 的 OnMove 事件是我们接下来要制作的。

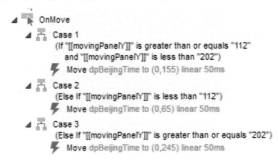

解释一下，我们在放下北京动态面板的时候，判断一下其被放下时候的位置。如果是比 Y112 大，证明它已经越过了原来位置的中线。这个时候上海动态面板已经被移动到了原先北京动态面板的位置。所以这个时候放下北京面板，我们要把它放置在原来上海动态面板的位置，也就是 X0：Y155。同理，当在小于 Y112 的位置放下北京动态面板的时候，我们要把北京动态面板恢复原先的位置。当然，当大于 Y202 的时候，我们就把北京动态面板放在旧金山动态面板的位置。而这个时候，上海动态面板和旧金山动态面板已经替代了原先北京动态面板和上海动态面板的位置。

至此，关于北京动态面板的操作已经全部完成了。采用同样的方式，我们可以完成上海动态面板和旧金山动态面板的 OnDragStart、OnDrag 和 OnDragDrop 事件。具体的细节可以参考原型文件。

> 注意，在 iPhone 上实际运行原型的时候，动态面板的移动会有一些延迟。这是因为在 Axure RP 7.0 里面 OnMove 事件的调用是有一些间隔的，没有办法像 iOS 里面真的原型一样无缝运行。但是对于一个原型来说，已经足够说明问题了。而能够足够说明问题，就是我们追求的目标。

联系人字母导航

本章素材位置：
21. 联系人字母导航

主要涉及技能：
移动动态面板。

本章移动 URL：
http://x607lf.axshare.com/
home.html

我们在使用 iOS 的联系人界面的时候，通过手指在右侧字母的列表上进行上下滑动，就能够在以不同首字母开始姓名的联系人中实现滚动的导航。在 Axure RP 7.0 中，其实没有一个这样相应手指持续滑动的事件。OnMove 是动态面板发生移动的时候触发的，OnMouseEnter 在移动端的触屏上其实并不起作用，OnMouseHover 也是一样。所以我们没有办法实现完全一致的体验。为此，我们用 OnClick 事件来代替作为原型的制作。

我们先制作如下图所示的头部部分。这是由两个矩形和一个来自第三方控件库的加号图片组成。

然后我们制作搜索框。首先拖拽一个矩形控件到界面中，属性设置如下。

名 称	类 型	坐 标	尺 寸	边框色 / 填充色
无	Rectangle	X0:Y65	W320:H45	#C8C8CD/#C8C8CD

该矩形用作外围的灰色背景。然后添加一个圆角矩形，属性设置如下。

名 称	类 型	坐 标	尺 寸	边框色 / 填充色	文 本
无	Rectangle	X10:Y73	W300:H28	#FFFFFF/#FFFFFF	搜索

我们在 "搜索" 这两个字的旁边添加一个搜索的图片，来自于第三方控件库。

现在界面的显示效果如下图所示。

接着，我们将 iOS 中的联系人界面进行截图。截图的方式是打开通讯录应用后，按住 iOS 的 Home 键的同时按下电源键。

截图后，鼠标右键点击图片，然后选择 "Slice Image" 命令，只留下如下的部分。

然后我们将这个图片放置在 X0: Y518 的位置，尺寸变为 320 像素 x50 像素。

接着我们制作中间的联系人部分。为此，我们拖拽一个动态面板控件到界面中，属性设置如下。

名 称	类 型	坐 标	尺 寸
无	Dynamic Panel	X0:Y110	W320:H408

双击该控件，开始编辑 State1。在 State1 中，我们先放置一个很长的动态面板控件，用来放置联系人，属性设置如下。

名 称	类 型	坐 标	尺 寸
dpNamelist	Dynamic Panel	X0:Y0	W300:H1540

在 dpNamelist 中，我们先放置 A 字母开始的联系人，如下图所示。所以 A 字母开始的联系人的纵坐标是 Y0。

A

阿

阿阿

阿阿阿

然后是 B 字母开始的联系人，如下图所示。B 字母开始的联系人的纵坐标是 Y156。

A

阿

阿阿

阿阿阿

B
吧

吧吧

接着是 C 字母开始的联系人。如下图所示。C 字母开始的联系人的纵坐标是 Y263。

A

阿

阿阿

阿阿阿

B

吧

吧吧

C

才

以此类推，直到字母 J 为止。为了简单起见，我们就没有一直做到 Z。

添加完成后，我们回到 dpNamelist 的首页。我们已经有了一个名单了，接下来就是处理右侧的字母列表了。我们首先在 X=305 的位置，从 Y=15 到 Y=380，添加字体大小为 12 的 A 到 Z 字母，还有符号"#"。添加完后，界面显示效果如下图所示。

界面已经完成了。我们先对字母 A 添加如下的 OnClick 事件。

很容易理解，当 A 被点击的时候，就把 dpNamelist 移动到坐标 X0:Y0。

类似地，我们为字母 B 添加如下的 OnClick 事件。

当 B 被点击的时候，就把 dpNamelist 移动到坐标 X0:Y-156。大家应该记得，Y=156 的位置刚好是字母 B 的名字开始的地方，通过将 dpNamelist 移动到 X0:Y-156 的位置，字母 B 开始的名称列表就移动到了 iPhone 的顶部。也就是我们要实现的导航的功能。

字母 C 的 OnClick 事件自然如下所示。

因为字母 C 开始的名称列表的开始位置是 Y263。

以此类推，我们一直将类似的 OnClick 事件添加到字母 J。全部添加完成后，我们可以在移动端进行测试。与真正的 iOS 联系人控件不同的是，我们无法通过滑动手指实现联系人列表的导航，而只能通过点击的方式进行。

axure

22

新手提示

本章素材位置：
22. 新手提示

主要涉及技能：
动态面板切换

本章移动 URL：
http://qjqazj.com/home.
html

在第一次运行一个 iOS 应用程序的时候，经常会在正式的应用程序出现前，有几张宣传应用功能或者使用方式的过渡页面。用户需要用手指一一划过，最终才能开始使用应用程序。我们把这个功能叫作"新手提示"。本章我们就来实现这个简单的功能。

我们不使用那个黑色的状态栏，直接向界面中拖拽一个动态面板控件，属性设置如下。

名 称	类 型	坐 标	尺 寸
dpHelp	Dynamic Panel	X0:Y0	W32:H568

我们为它添加 4 个状态，分别是 State1 到 State4。在 State1 中，我们放置如下的内容。

名 称	类 型	坐 标	尺 寸	边框色 / 填充色
无	Rectangle	X0:Y0	W32:H568	#000000/FF3333

名 称	类 型	坐 标	尺 寸	文 本	颜 色	尺 寸
无	Label	X83:Y180	W147:H38	帮助信息 1	#FFFFFF	32

State1 现在的显示效果如下图所示。

我们以同样的方式，分别为 State2、State3 和 State4 添加如下的内容。

接下来，我们要添加几个圆点，用以提示当前我们位于哪个面板的状态。

我们回到 Home 页面，向界面中添加如下内容。

名 称	类 型	坐 标	尺 寸	边框色 / 填充色
无	Rectangle	X99:Y470	W10:H10	#CCCCCC/ 无

虽然这是一个矩形控件，但是我们把它变成一个圆形。添加后，界面的显示效果如下图所示。

大家可能还看不出来这个小圈点有什么作用。我们继续添加如下三个同样的圆形。

名　称	类　型	坐　标	尺　寸	边框色／填充色
无	Rectangle	X135:Y470	W10:H10	#CCCCCC/ 无
无	Rectangle	X171:Y470	W10:H10	#CCCCCC/ 无
无	Rectangle	X207:Y470	W10:H10	#CCCCCC/ 无

现在界面的显示效果如下图所示。

有点熟悉了吧？四个空心的圆形代表了动态面板的四个状态。那么接下来，我们需要有一个实心的圆形来代表当前用户浏览到了哪个状态。因为我们默认肯定是从 State1 开始的，所以先把一个动态面板控件放在如下的位置。

名　称	类　型	坐　标	尺　寸
dpDot	Dynamic Panel	X99:Y470	W10:H10

然后，在这个动态面板的 State1 中，我们加入如下的内容。

名 称	类 型	坐 标	尺 寸	边框色／填充色
无	Rectangle	X0:Y0	W10:H10	#CCCCCC/#FFFFFF

以上工作全部完成后，界面的显示效果如下图所示。

现在看起来熟悉多了吧？

接下来就是添加事件了。我们知道，首先要添加的就是 OnSwipeLeft 事件。当用户向左滑动的时候，我们要向左移动动态面板的状态，并且进行状态的切换。同时，既然我们切换了动态面板的状态，也就要移动 dpDot 这个动态面板来标识当前我们在浏览哪个状态。所以，OnSwipeLeft 事件如下图所示。

加了一个判断，因为我们不希望到了 State4 之后，用户还可以向左滑动。

"Move dpDot by (36,0) linear 100ms" 是我们将 dpDot 这个动态面板向右移动了 36 像素。所以一次移动后，界面的显示效果如下图所示。

同理，OnSwipeRight 事件如下所示。

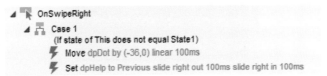

可以看到，向相反的方向去操作就可以了。

邮箱的自适应视图

本章素材位置：
　　23. 邮箱的自适应视图

主要涉及技能：
　　Adaptive View

本章移动 URL：
　　http://exevjf.axshare.com/
home.html

本章我们来研究当用户更改 iPhone 的浏览方式的时候，如从纵向浏览变成横向浏览，或者从横向浏览变为纵向浏览的时候，我们如何让应用程序也跟着变化。这是 iPhone 中非常常见的一种交互方式。我们可以通过 Axure RP 7.0 的关于 Adaptive View（自适应视图）的功能来实现这个功能。

我们以邮箱为例。

首先，我们放置如下内容到界面中。

大家应该对此已经非常熟悉了。接着是前面章节制作过的搜索框。

接着我们制作第一封邮件。一封邮件是由如下的部分组成的：

（1）收件人

（2）邮件标题

（3）邮件摘要

（4）发送时间

（5）邮件之间的分割线

我们按照如上的规划添加一个 Email，如下图所示。

这就是一些文本和水平分割线的组合。同样地，我们可以添加多个 Email，完成后如下图所示。

23

在界面的最下方，我们像以前一样，将 Email 应用的最下方的截图部分暂时"借用"过来，放置在界面的最下方。最终，界面的显示效果如下图所示。

这个时候，我们在垂直方向上的界面已经完成了。接下来要看如何使用自适应视图来完成水平方向上的界面。

我们点击 Home 页面左上角的图标，打开自适应视图管理界面，如下图所示。

这里是管理自适应视图的地方。我们点击绿色的加号，创建一个新的视图，如下图所示。

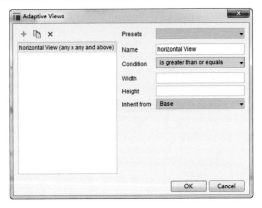

首先对于 Presets，每一个 Preset 就是一个关于视图的预先设定。我们分别解释下图的几个 Presets，由下至上地解释。

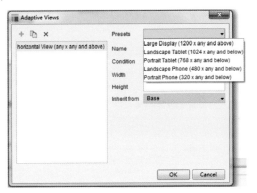

- iPhone的Portrait（垂直放置iPhone）是一个视图，该视图是用界面的宽度小于等于320像素来标识的。也就是说，当前视图的宽度小于等于320像素的时候，就采用Portrait视图。回想一下我们之前制作的应用程序，宽度都是320像素，所以都是iPhone的Portrait视图。

- iPhone的Landscape（水平放置iPhone）是一个视图，该视图是用界面的宽度小于等于480像素来标识的。这个尺寸是根据iPhone 4s来设定的。我们知道，其实对于iPhone 5s来说，应该设置为小于等于568像素才正确。

- iPad的Portrait（垂直放置iPad）是一个视图，该视图是用宽度小于等于768像素标识的。

- iPad的Landscape（水平放置iPad）是一个视图，该视图是用宽度小于等于1024像素来标识的。

- Large Display是指比iPhone和iPad都大的显示器，如桌面显示器。这是用宽度大于等于1200像素来标识的。

Presets 下面就是这个新的视图的名称，在这里把我们的新视图命名为 "iPhone Landscape"。

对于 Condition，就是设置在什么情况下，我们认为应该显示当前的视图。我们在这里选择的条件是"is greater than or equals"，大于等于。然后在下面的 Width 里面输入 321。 这就是告诉程序，当屏幕的宽度大于等于 321 像素的时候，应用程序就应该进入我们新设定的这个叫作 iPhone Portrait 的视图了。

Height 留空，因为不需要使用 Height。

最后一个是 Inherit from，也就是说，当前视图是从哪个视图继承而来。一般都选择 Base，也就是我们刚才编辑的基础视图。

点击 "Ok" 按钮后，我们会看到界面发生了如下的变化。

多出了一个叫作 "321" 的标签。我们点击这个标签，发现在这里显示的内容跟 "Base" 标签中显示的一模一样。

这是因为 321 是继承了 Base 而来的。所以，每个 Base 中的控件在这里都有了一个实体。这里的每个实体跟 Base 中都是对应的。如果我们在 321 中将 Jack 修改为了 Jack1，那么 Base 中的 Jack 也会变成 Jack1。

别忘了我们的 321 视图是为了给横向放置的 iPhone 使用的，而横向放置的 iPhone 的宽度将是 568 像素。所以，我们先把黑色状态栏的宽度从 320 像素修改为 568 像素，然后调整标题和搜索框的尺寸和位置，达到如下的效果。

请注意，我们都是在修改已有的控件，而不是添加新的控件。我们添加的新控件并不会出现在 Base 中，除非我们勾选了 "Affect All Views（影响所有视图）" 这个复选框。

我们通过修改已有控件的位置和尺寸，才能够实现当视图从 Base 变为 321 的时候，控件会自动变形和改变位置以适应新的视图。

我们继续，将几个 Email 的标题、发件人、摘要、发送时间、分割线等都进行尺寸上的调整。同时，为了简化，我们删除了可能会超出 iPhone Landscape 高度的几个 Email，仅留下了两封邮件进行示例。

修改尺寸后，界面的显示效果如下图所示。

这个时候虽然我们在 321 视图下删除了一些控件，但是在 Base 中它们仍然还存在。我们现在看一下 Base 状态。

我们生成以下项目，在 iPhone 上测试一下，会发现当我们在纵向使用 iPhone 和横向使用之间进行切换的时候，邮箱应用也会切换视图进行显示。我们所需要做的，就是在不同的视图下，将同样的控件进行一下重新布局和尺寸调整，就可以轻松地实现在不同尺寸的设备上浏览的效果了。

axure

24

iOS 7 的控制中心效果

本章素材位置 :
　　24. iOS 7 的控制中心效果

主要涉及技能 :
　　OnSwipeUp , 制作 iOS 7 中
的半透明界面效果

本章移动 URL :
　　http://w0iedf.axshare.com/
home.html

在 iOS 7 中，无论出于哪个应用程序，只要手指从屏幕最下方向上滑动，就会出现一个控制中心。里面包括了一些常用的功能，如飞行模式、开启 / 关闭 WIFI 网络、播放音乐、手电筒、时钟、计算器等。我们本章就来学习如何制作这个简单的效果。

问题的关键就在于实现一个向上滑动的效果。所以我们很容易想到要使用一个动态面板控件。我们先向界面中拖拽一个 iPhone 的桌面截图作为背景。这个图片的尺寸是 320 像素 x568 像素，放置在 X0:Y0 的位置，如下图所示。

我们把它作为工作的背景。然后我们拖拽一个动态面板到界面中，属性设置如下。

名　称	类　型	坐　标	尺　寸
dpControlPanel	Dynamic Panel	X0:Y568	W320:H425

这个动态面板控件就是控制中心，但是默认状态下，它被放置在界面之外 X0:Y568，只有用户触发向上滑动的动作时，我们才展现它。为了承载这个向上滑动的事件，我们拖拽第二个动态面板控件到界面中，属性设置如下。

名　称	类　型	坐　标	尺　寸
dpActionArea	Dynamic Panel	X0:Y470	W320:H98

然后，我们为这个动态面板控件添加如下的 OnSwipeUp 事件。

很容易理解，就是当用户向上滑动的时候，把 dpControlPanel 移动到视野中。

接下来我们双击 dpControlPanel，开始编辑它的 State1。

首先我们要添加的是如下图所示的箭头指示。

这个在第三方控件库中可没有。怎么办呢？有办法。这其实就是两个圆角矩形结合在 一起。为此，我们先向界面中放置这样两个矩形控件，属性设置如下。

名 称	类 型	坐 标	尺 寸	边框色 / 填充色
rectLeft	Rectangle	X140:Y10	W24:H8	#000000/#000000
rectRight	Rectangle	X159:Y10	W24:H8	#000000/#000000

我们为这两个矩形添加了一个小小的圆角效果。如果在正常视图情况下不好操作，可以将当前界面放大到 400%。

然后我们在控件属性区域，为两个矩形各添加一个角度。首先是 rectLeft，设置如下。

然后是 rectRight，设置如下。

也可以在选中矩形控件的时候，按住 Ctrl 键，然后将鼠标移动到矩形的某个顶点上方，就会看到有一个旋转的手柄出现，然后就可以旋转控件了。

经过上述的步骤，现在我们看到两个矩形应该是如下所示了。

然后我们同时选中它们，再选择"Group"，将它们合并成一个控件。

制作完之后，我们向界面中添加如下的矩形控件，用作背景。

名 称	类 型	坐 标	尺 寸	边框色／填充色
rectBg	Rectangle	X0:Y0	W320:H425	#3DA9D7/#3DA9D7

接下来要制作出控制面板出现时那种背景中的半透明效果，如下图所示。

我们要为刚才添加的矩形添加一个半透明的效果，如下图所示。

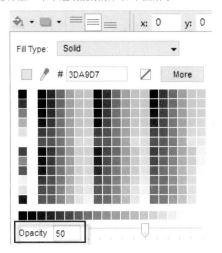

　　然后，我们将如下桌面背景图片，放在 Photoshop 或者其他图片编辑软件中，设置一个 100% 的模糊的效果。模糊之后，原本的桌面图片会变成如下图所示的样子。

接着，我们把这个图片放置在刚才的那个矩形的下方，坐标为 X0:Y-143，因为刚才我们制作的图片的尺寸是 320 像素 x568 像素的。现在界面的显示效果如下图所示。

是不是有点儿半透明的效果？好像有一个蒙板蒙在了真正的桌面的上方。

再接下来就是添加那些控制中心中的控制按钮和文本了。我们没有时间一个一个去制作这些图标，也暂时没有第三方控件可以得到这些图标。所以，简单起见，我们用文本替代部分图标。

我们用了五个变成圆形的矩形控件和一个水平分割线控件，添加了如下图所示内容。

接着添加亮度调节器，如下图所示。

我们用了一个太阳形状的第三方控件，分别放在两侧。中间的调节栏是用两个水平分割线控件和一个调整成圆形的矩形控件拼合而成的。然后接下来又是一个水平分割线控件。

接下来我们添加音乐播放区域如下。

　　我们使用了一些文本控件、水平分割线和垂直分割线、矩形控件变化而来的三角形控件。唯一美中不足的是我们没有办法做出像小喇叭一样的控件。其实也可以，用矩形和三角形拼接即可。但是简单起见，我们使用文字来代替。

　　最后是 AirDrop、AirPlay 和四个其他图标。

　　看起来不错吧？基本的元素已经都有了。我们最后在之前制作的这个箭头上面添加一个热区控件，用于承接一个 OnClick 事件，就是把 dpControlPanel 移动出界面。

　　在测试的时候，大家注意一下，如果滑动的位置比较巧的话，可能不但会把我们制作的控制中心显示出来，而且会把真正的控制中心也带出来。

25

iOS 的提示

本章素材位置：
　　25. iOS 的提示

主要涉及技能：
　　动态面板的操作

本章移动 URL：
　　无

在移动应用程序中有很多提示，如出现在导航条位置的新信息提示、弹出的聚光灯提示、出现在应用图标上的数字提示、自动消失的浮层提示等。我们在本章就介绍这些常见的提示的制作方法。这样大家可以在自己的原型制作中，灵活地使用这些功能。

导航条位置的提示

我们要制作的是如下的通知。

经常在桌面情景下，收到一条来自某个应用程序的信息提示。为了实现这个功能，我们先放置一个 iOS 7 的桌面背景图片到界面中，如下图所示。

图片放置在 X0:Y0 的位置。然后，拖拽一个动态面板控件到界面中，属性设置如下。

名 称	类 型	坐 标	尺 寸
dpAlert	Dynamic Panel	X0:Y0	W320:H64

然后我们在这个 dpAlert 的 State1 中添加如下的内容。

名　称	类　型	坐　标	尺　寸	边框色／填充色
无	Rectangle	X0:Y0	W320:H64	#000000/#000000

这是一个黑色的背景。接着我们添加一个小的微信的 Logo。坐标为 X16:Y7，尺寸为 W21:H21。然后再添加一些文本控件。完成后如下图所示。

最后，我们要添加一个圆角矩形作为"手柄"，这样我们可以通过按它来关闭这个通知提示。

名　称	类　型	坐　标	尺　寸	边框色／填充色
无	Rectangle	X140:Y55	W39:H5	#747477/#747477

制作完之后，效果如下图所示。

我们为这个手柄矩形添加如下的 OnClick 事件。

然后我们回到 Home 页面，将 dpAlert 的坐标修改为 X0:Y-64，也就是将这个动态面板先隐藏起来。接着我们为 Home 页面添加如下的 OnPageLoad 事件。

先等待 2 秒钟，然后将通知面板移动出来，然后再等待 5 秒钟，再将通知面板收起，模拟一下通知面板自动消失的效果。

如果用户在等待的过程中点击了手柄，也可以将动态面板收起。

弹出的聚光灯提示

有时候在应用程序中，为了向用户介绍一个新的功能或者操作方式，会采用一个弹出的浮层，占据整个视野来提示用户，用户需要手工点击下一步或者点击关闭。我们现在来制作这个效果。

我们先按如下的标准制作一个应用程序的背景效果，就是一些矩形控件的组合。

然后，我们向区域中添加一个矩形控件，属性设置如下。

名 称	类 型	坐 标	尺 寸	边框色 / 填充色
dpAlert	Rectangle	X50:Y163	W210:H360	#797979/#FFFFFF

我们右键单击这个矩形，选择 "Speech Bubble Left" 命令，将它变成一个对话气泡。

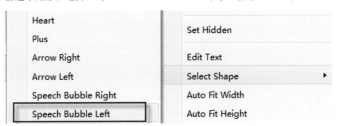

现在界面的显示效果如下图所示。

然后我们再次右键单击这个对话气泡，将它隐藏。接下来，我们为 Home 页面添加如下的
OnPageLoad 事件。

我们要让 dpAlert 显示出来，并且是用一个 lightbox 的效果。这个效果会让除 dpAlert 之外的其他
部分被一个指定的颜色的蒙板所覆盖。并且用户点击任何非 dpAlert 之外的部分都会将 dpAlert 关闭。

大家可以实验一下这个效果，在手机上，显示的效果如下图所示。

点击任何的灰色部分都会让提示对话气泡消失，恢复原来的应用界面。

出现在应用程序图标上的提示

我们先向界面中放置一个 iOS 7 桌面的图片。本章中，我们假设出现提示的是滴滴打车应用程序。我们向界面中拖拽一个矩形控件，属性设置如下。

名 称	类 型	坐 标	尺 寸	边框色／填充色
dpAlert	Rectangle	X290:Y280	W22:H22	#FF0000/#FF0000

我们要把它变成一个原型。现在看起来是这样的。

然后我们把它隐藏起来，并且添加如下的 OnPageLoad 事件。

这样当 Home 页面加载完成之后，就会看到滴滴打车有 3 个事件提醒。

自动消失的提示

我们在一些应用程序中见到过这样的设置：当列表有更新的时候，会提示当前用户列表最新一次更新的事件，然后这个提示再自动消失。我们接下来就来制作这个效果。

首先我们按照如下的界面设置一个列表。

然后放置一个动态面板控件在界面中，属性设置如下。

名 称	类 型	坐 标	尺 寸
dpContainer	Dynamic Panel	X0:Y65	W320:H454

然后我们双击 dpContainer，编辑它的 State1。

我们向其中添加一系列的矩形控件，并且输入 Item1 到 Item12 的数值，如下所示。

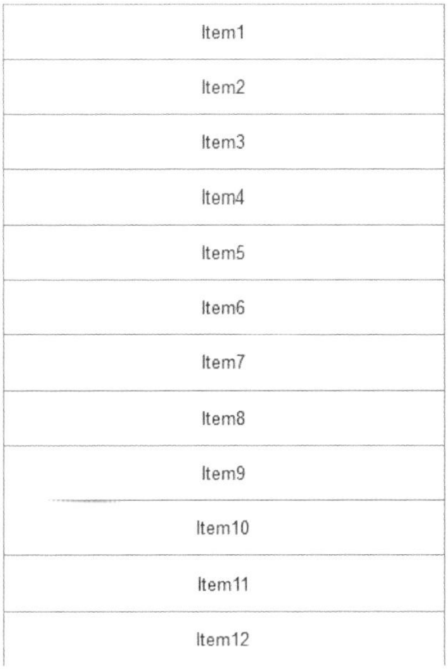

25

Item1
Item2
Item3
Item4
Item5
Item6
Item7
Item8
Item9
Item10
Item11
Item12

现在整个界面的显示效果如下图所示。

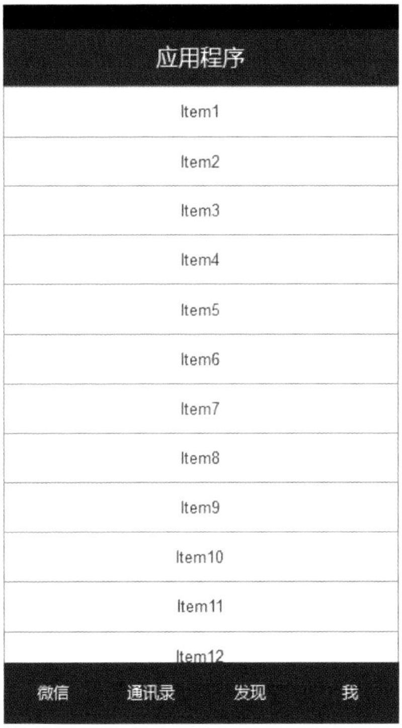

应用程序
Item1
Item2
Item3
Item4
Item5
Item6
Item7
Item8
Item9
Item10
Item11
Item12

微信	通讯录	发现	我

接下来我们添加另外一个动态面板控件到界面中，属性设置如下。

名 称	类 型	坐 标	尺 寸
dpAlert	Dynamic Panel	X0:Y65	W320:H30

然后我们在 dpAlert 的 State1 中放置如下内容。这是一个带有文本的矩形控件。

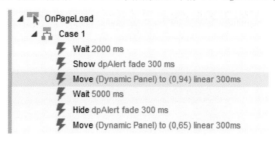

接着我们将 dpAlert 设置为隐藏，为 Home 页面添加如下的 OnPageLoad 事件。

```
▲ 🕮 OnPageLoad
   ▲ 🖧 Case 1
        ⚡ Wait 2000 ms
        ⚡ Show dpAlert fade 300 ms
        ⚡ Move (Dynamic Panel) to (0,94) linear 300ms
        ⚡ Wait 5000 ms
        ⚡ Hide dpAlert fade 300 ms
        ⚡ Move (Dynamic Panel) to (0,65) linear 300ms
```

先等 2 秒钟，然后将 dpAlert 显示出来，同时把已有的内容向下推，然后等待 5 秒钟，再把 dpAlert 隐藏，同时把原先推下去的内容再拉上来。

26

弹出幻灯界面

本章素材位置：
    26. 弹出幻灯界面

主要涉及技能：
    动态面板的操作

本章移动 URL：
    http:// KXHMK8.axshare.
com/home.html

对于多图片应用程序，除了将图片罗列为一长条，一张一张地加载外，还有一个比较好的方式就是将图片放置在一个弹出的动态面板中，让用户一个一个滑动着看。本章我们就来介绍这个效果，如下图所示。

这个效果可以用来展现很多其他的效果，如一个人的所有联系人、附近的餐厅的推荐等。这种方式跟列表方式相比各有优势。列表可以看作一个主条目的列表，点击某个主条目后，就可以弹出这个幻灯界面来展现子条目。

我们先向界面中拖拽若干个矩形控件，将 3 个矩形控件堆叠做出一个相册的感觉，如图所示。

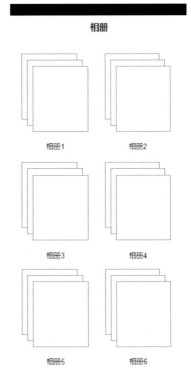

读者可以把每一个相册看作一个主条目。点击后，我们就要打开子条目，也就是弹出的幻灯。为此，我们先向界面中拖拽一个热区控件，将它覆盖在相册 1 上，如下图所示。

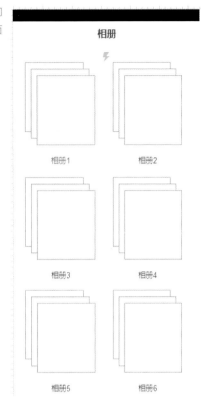

接着我们拖拽一个动态面板控件到界面中，属性设置如下。

名　称	类　型	坐　标	尺　寸
dpSlides	Dynamic Panel	X0:Y170	W320:H193

在 dpSlides 的 State1 中，我们要添加幻灯和箭头等元素。我们打开 State1，向其中添加如下属性的动态面板。

名　称	类　型	坐　标	尺　寸
dpImageSets	Dynamic Panel	X35:Y0	W250:H188

然后我们为 dpImageSets 添加 7 个 State，分别添加 7 张图片，完成后如下图所示。

接着我们向这个 dpImageSets 的两侧分别添加两个箭头，用来切换 dpImageSets 的状态。对于这个箭头，我们仍然使用第三方控件库中的蓝色箭头。读者可能会注意到只有向左的箭头而没有向右的。其实在 Axure RP 7.0 中我们只要按住 Ctrl 键就可以把一个控件旋转到任意的角度。所以，将向左的箭头旋转 180 度就可以得到向右的箭头了。

现在界面的显示效果如下图所示。

因为箭头控件是一个合成控件（由若干个其他控件组合而成），所以我们没有办法直接给它添加事件。因此，我们要用一个热区控件来完成这个工作。拖拽两个热区控件分别覆盖住两个箭头，然后为左箭头添加如下的 OnClick 事件。

再为右箭头添加如下的 OnClick 事件。

我们解释一下，向左的箭头将动态面板的状态设置为上一个状态。如果上一个状态是第一个状态，那么就循环到最后一个状态。向右的箭头将动态面板的状态设置为下一个状态。如果下一个状态是最后一个状态，那么就循环到第一个状态。

同样地，我们为 dpImageSets 添加如下的 OnSwipeLeft 和 OnSwipeRight 事件，分别于左箭头和右箭头的事件。

完成后，我们回到 Home 界面中，现在界面的显示效果如下图所示。

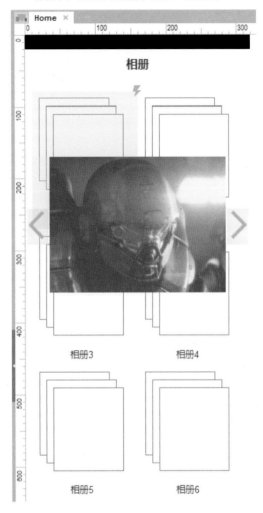

首先我们右键单击 dpSlides，将它设置为隐藏。然后我们为之前覆盖在相册 1 上的热区控件添加如下的 Onclick 事件。

注意，这里我们将 dpSlides 显示出来，并且是以 lightbox 的形式显示出来。也就是说，在显示 dpSlides 的时候，所有 dpSlides 以外的部分都被覆盖上了一层灰色的蒙板，点击这个蒙板区域就会将 dpSlides 再次隐藏。具体效果如下。

axure

响应式页面设计

本章素材位置：
  27. 响应式页面设计

主要涉及技能：
  Adaptive View

本章移动 URL：
  http://hjd7q8.axshare.com/
home.html

响应式页面设计（Responsive Design）是指设计一套页面，然后页面可以根据浏览设备的不同，自动显示不同的内容或者不同尺寸的内容来适应界面。这种设计方式给了设计师和工程师一种设计思路来解决现在多设备浏览的问题。我们在本章中就以 36Kr.com 网站为例来制作一个会随着浏览设备的宽度来变化内容的网页。

我们先分析一下 36kr.com 网站，当你在桌面浏览器中，以较宽的窗口打开网站的时候，显示的是如下图所示的内容。

如果我们缩小浏览器的宽度，会看到如下布局的内容。

可以注意到右侧的广告区域和社区互动的内容消失了。如果进一步缩小页面的宽度，会看到如下的布局内容。

再缩小，就会进一步精简为如下的界面：

从以上的操作中大家可以看到，36kr.com 网站用一套内容，分别自适应了宽屏浏览器、普通浏览器、平板电脑和手机的显示。这种实现方案虽然在技术上需要做不少额外的工作，但是在浏览体验上，给予了用户非常统一的体验和内容。

下面我们就在 Axure RP7.0 中实现这个互动的效果。大家之后使用这种效果，可以制作跨屏幕的体验。我们先新建一个 Axure 项目，来建立一个非常简单的，模拟 36kr.com 内容的简单网站，因为我们本章的目的并不在于具体的页面内容和美观。

为此，我们向界面中添加如下简单的元素，就是一些文控件、矩形控件的组合，具体大家可以参考源文件。

| Logo | 导航1 | 导航2 | 导航3 | 导航4 | 寻求报道 | 登录 |

Banner1

Banner2　Banner3

Banner2　Banner3

Banner6

| 社区新帖 | Startup-X | 8点1氪 |

Win8退出中国政府集中采购

雅虎日本放弃收购软银旗下移动网络运营商eAccess

被Nuance收购后三年，Swype CEO将离职

IBM Watson收购人工智能初创公司Cognea

市场研究机构Terracotta Capital称中国在线旅游代理市场已出现泡沫

Twitter音乐业务增长堪忧，正考虑收购SoundCloud

匿名社交应用Whisper再融资，腾讯参投

Feature Tags

氪空间
2014 GMIC 大会
WISE Talk
36氪开放日
漫谈企业估值
智能汽车
Startup X
互联网金融

Lastest News

憋了一年，老罗发布的"锤子手机"长什么样？

其实它不叫"锤子手机"，叫——Smartisan T1。

Maker Voice: 硅谷大佬谈虚拟现实,称五年内显示技术仍将是最大桎梏

Maker Voice是为关注新硬件的朋友们准备的一个栏目，每天一篇文章，梳理总结一天下来新硬件行业的精华内容，让朋友们能用最短时间在这里通览真正值得关注的内容。

如果说菜谱类应用变现模式不清晰，那么更垂直的烘焙类食谱呢？

市面上已经有不少像食谱类应用如下厨房，豆果美食等等，但目前商业化路径并不明朗，大都处于周边品牌曝光的阶段，如果把菜谱缩小至烘焙食品这个垂直类别呢。

获数百万元天使投资的"乐童"调整定位，要从"音乐领域的众筹平台"，转做"在线的音乐经纪人"

2013年，乐童缺乏外部融资，是创始人马客苦熬的一年。

为了简单起见，我们并没有制作一个很长的页面。只添加了一些主要的元素: 导航区域，Banner 区域，左侧的 Feature Tag，中间的 Latest News 和右侧的 Banner 和社区互动区域。

有了这个界面，我们就可以在它的基础上来实现不同浏览设备上的响应式页面了。回忆起之前的"邮箱的自适应视图"一章，我们又要使用自适应视图功能了。

我们点击视野中的如下按钮。

打开自适应视图管理器，如下图所示。

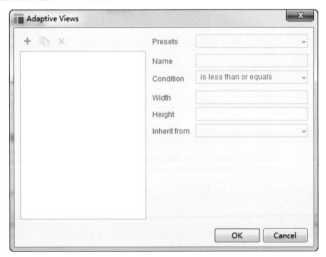

这里是管理自适应视图的地方。每一个自适应视图，都将适应一个屏幕尺寸范围。我们将创建如下的四个自适应视图：

- 宽度大于等于1200像素时的宽屏视图。
- 宽度小于1200像素，但是大于等于1024像素的窄屏视图。
- 宽度小于1024像素，但是大于等于768像素的平板电脑视图。
- 宽度小于等于640像素的视图，用于智能手机。

为此，我们在自适应视图管理器中点击绿色的加号，先创建宽屏视图如下。

这个截图就是说，我们需要创建一个视图，当屏幕的宽度大于等于1200像素的时候，就显示这个视图。同样地，我们创建如下的三个视图。

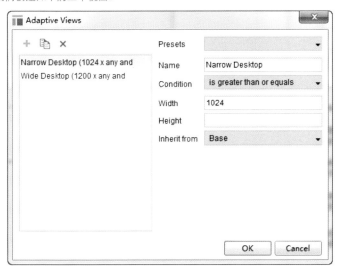

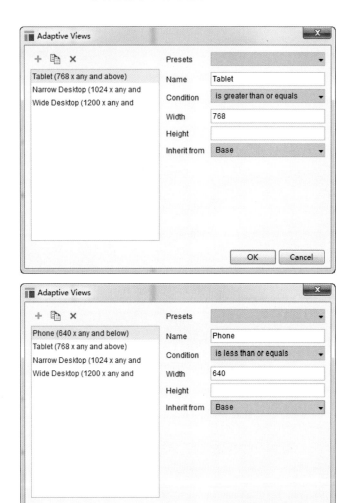

点击"OK"按钮，回到主视图，我们现在可以看到如下的界面。

我们可以在视野中看到，现在出现了 4 个视野，分别为 640、768、1024 和 1200。我们点击相应的黄色标签，就能看到那个尺寸的视野中的内容。比如，当我们点击 640 时，就能看到如下界面。

与普通的 base 视图没有区别，只是多了一个红色的参考线，告诉用户该视野是以红色参考线标记的宽度为 640 像素的位置为基础进行展现的。因为该视野将在屏幕小于等于 640 像素的设备上显示，所以红色线右侧的内容将不会被显示。

我们点击 1200 像素这个标签，编辑用于宽度大于等于 1200 像素的界面的显示。因为 1200 像素界面是继承于 Base 视图的，所以这个时候 1200 像素界面中显示的就是开始时候我们创建的视图，如下图所示。

因为这个界面就是我们希望在宽屏时候显示的内容，所以我们无须修改。唯一要做的就是在页面样式区域显示"居中显示"，如下图所示。

点击 1024 这个标签，在桌面窄屏的时候，我们可以不显示右侧的 Banner6 和下面的社区部分，所以在 1024 像素的界面中，我们做如下的调整：

(1) 删除右侧的 Banner6 及下方的社区部分。

(2) 调整导航项目之间的距离，让它们离得近一些。

同样地，我们让页面居中对齐。

再点击 768 像素的这个界面，我们需要进一步减少界面中的元素。

最后，对于 640 像素的界面，我们不再减少元素，而只是缩小图片的大小并将文本的宽度变窄。

Logo	寻求报道　登录

Banner1

Lastest News

憋了一年，老罗发布的"锤子手机"长什么样？

其实它不叫"锤子手机"，叫——Smartisan T1。

Maker Voice: 硅谷大佬谈虚拟现实，称五年内显示技术仍将是最大桎梏

Maker Voice是为关注新硬件的朋友们准备的一个栏目，每天一篇文章，梳理总结一天下来新硬件行业的精华内容，让朋友们能用最短时间在这里遍览真正值得关注的内容。

如果说菜谱类应用变现模式不清晰，那么更垂直的烘焙类食谱呢？

市面上已经有不少像食谱应用如下厨房，豆果美食等等，但目前商业化路径并不明朗，大都还处于周边品牌曝光的阶段，如果把菜谱缩小至烘焙食品这个垂直类别呢。

获数百万元天使投资的"乐童"调整定位，要从"音乐领域的众筹平台"，转做"在线的音乐经纪人"

2013年，乐童缺乏外部融资，是创始人马客苦熬的一年。

Logo	寻求报道　登录

Banner1

Lastest News

憋了一年，老罗发布的"锤子手机"长什么样？

其实它不叫"锤子手机"，叫——Smartisan T1。

Maker Voice: 硅谷大佬谈虚拟现实，称五年内显示技术仍将是最大桎梏

Maker Voice是为关注新硬件的朋友们准备的一个栏目，每天一篇文章，梳理总结一天下来新硬件行业的精华内容，让朋友们能用最短时间在这里遍览真正值得关注的内容。

如果说菜谱类应用变现模式不清晰，那么更垂直的烘焙类食谱呢？

市面上已经有不少像食谱应用如下厨房，豆果美食等等，但目前商业化路径并不明朗，大都还处于周边品牌曝光的阶段，如果把菜谱缩小至烘焙食品这个垂直类别呢。

获数百万元天使投资的"乐童"调整定位，要从"音乐领域的众筹平台"，转做"在线的音乐经纪人"

2013年，乐童缺乏外部融资，是创始人马客苦熬的一年。

全部完成后，我们就可以选择把项目发布到 Axshare 去了。但是我们要设置如下的发布参数。

跟之前的项目不同，我们不再设置设备宽度为 320 像素，而是设置为"device-width"，让项目自己随着设备的宽度进行调整。

发布后，我们可以分别在桌面、平板电脑和手机上进行测试，就会发现，有时候移动设备展现的默认页面宽度不太正确，页面没有居中。所以，我们回到每个视野中，分别添加一个跟视野同样宽度的动态面板控件。让这个控件"撑开"每个界面。例如，在 640 像素的视野中，动态面板如下所示。

1024 像素的视野中，动态面板如下图所示。

这里还有一个问题，就是对于尺寸小于 768 像素但是大于 640 像素的设备来说，会显示什么内容呢？因为没有一个视图是针对这个尺寸的。是的，它会显示 Base 页面中的东西。为了避免这种"断层"出现，我们只要再添加一个大于等于 641 像素时显示的视野就好了。

至此，我们使用 Axure RP 7.0 的自适应视图功能，完成了一个响应式页面设计的例子。让一个原型可以很容易地应用在不同的设备上。如果我们需要针对 iOS 和 Android 制作不同的页面显示，只要他们的屏幕尺寸稍有不同，我们就可以利用不同的自适应视图来适应它们。

axure

28

iOS 8 的即时信息回复

本章素材位置：
　　28. iOS 8 的即时信息回复

主要涉及技能：
　　动态面板的操作

本章移动 URL：
　　http://otuc2t.axshare.com/
home.html

在最新版本的 iOS 8 中，在通知中心出现的信息能够直接回复，信息提示的效果如下所示。

在信息提示中直接回复的效果如下所示。

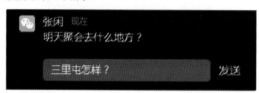

通过这种方式，用户不用离开当前的应用程序就可以直接进行回复，大大地提升了效率。下面我们就在之前的基础上制作这个回复的效果。

首先我们把如下的背景图片放置在界面中用来模拟桌面的效果。

然后，我们向界面中添加一个动态面板控件，属性设置如下。

名 称	类 型	坐 标	尺 寸
dpAlert	Dynamic Panel	X0:Y64	W320:H100

接下来，我们首先向 State1 中添加一个矩形控件，用作背景，属性设置如下。

名 称	类 型	坐 标	尺 寸	边框色／填充色
无	Rectangle	X0:Y0	W320:H64	#000000/#000000

然后再添加一个信息的图标，尺寸为 W21:H21，几个文本控件，还有一个圆角矩形的控件当作一个关闭提示的手柄，属性设置如下。

名 称	类 型	坐 标	尺 寸	边框色／填充色
无	Rectangle	X140:Y55	W39:H5	#747477/#747477

完成后的显示效果如下图所示。

我们为这个手柄矩形添加如下的 OnClick 事件，也就是将 dpAlert 这个动态面板移出视野。

然后，我们为 dpAlert 添加一个 State2，在 State2 中，我们也首先添加一个黑色的背景，但是这个背景要大一些，属性设置如下。

名 称	类 型	坐 标	尺 寸	边框色／填充色
无	Rectangle	X0:Y0	W320:H100	#000000/#000000

然后同样地添加一个图标和三个文本控件，如下图所示。

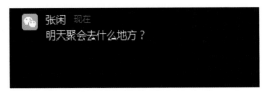

接着，我们要添加一个文本输入控件。这个文本输入控件比较特殊，因为它是一个圆角的带有背景色的文本输入控件。所以我们不能直接使用 Axure RP 7.0 自带的输入控件，而要定制一个。首先我们放置一个圆角矩形控件，属性设置如下。

名　称	类　型	坐　标	尺　寸	边框色／填充色
无	Rectangle	X47:Y61	W215:H28	#3A3E3F/#3A3E3F

然后,我们拖拽一个Text Field控件到界面中,将它的背景色也设置为 #3A3E3F,然后将它的边框隐藏,放置在 X54：Y62 的位置。最后，我们添加一个文本控件，内容为"发送"。完成后，界面如下图所示。

接着我们回到 dpAlert 的 State1，向界面中拖拽一个热区控件，覆盖在除圆角矩形之外的部分，如下图所示。

我们为这个热区控件添加如下的 OnClick 事件。

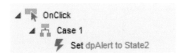

然后我们切换到 State2，为 "发送" 文本添加如下的 OnClick 事件。同样，这也是将 dpAlert 动态面板移出视界。

完成以上工作后，我们回到 Home 界面，将 dpAlert 的坐标设置为 X0：Y-100。然后，我们为 Home 页面添加如下的 OnPageLoad 事件。至此，工作全部完成。

本例有一个漏洞，就是 dpAlert 在出现的时候，无法覆盖系统的状态栏，所以大家看到的效果可能是这样的。

axure

iOS 8 的 iMessage 加入
照片和视频

本章素材位置：
29. iOS 8 的 iMessage 加入
照片和视频

主要涉及技能：
动态面板的拖动

本章移动 URL：
http://4thdu7.axshare.com/
home.html

在新版本的 iOS 8 中，用户在使用 iMessage 时，可以很方便地加入图片和视频，只要通过滑动手指就可以了，完全不需要跳出 iMessage 应用，效果如下图所示。

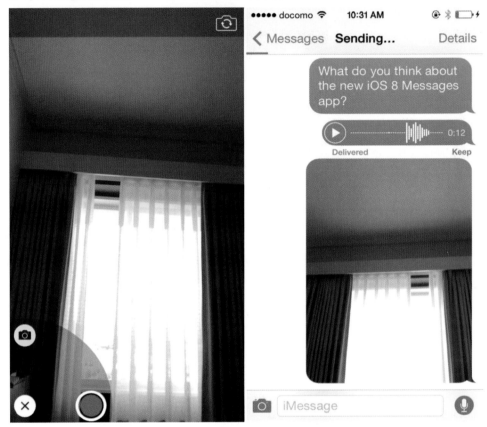

当用户长按右侧的照相机图标的时候，就会出现左侧的界面，用户可以通过将手指向上滑动来进行拍照，向右滑动来进行摄像，松开手指就可以取消，完全的单手操作。

为了制作这个效果，我们首先向界面中添加如下的元素。

读者可以看出来，我们是要制作一个 iMessage 的对话界面。接下来我们添加几个蓝色的对话泡泡。制作的方法就是以圆角矩形作为背景，然后在上面添加文本控件。我先放置一个圆角矩形到界面中，属性设置如下。

名 称	类 型	坐 标	尺 寸	边框色／填充色
无	Rectangle	X114:Y70	W200:H100	#1B91FF／#1B91FF

然后放置一个文本控件到界面中，属性设置如下。

名 称	类 型	坐 标	尺 寸	边框色／填充色
无	Label	X128:Y83	W172:H72	#FFFFFF/#FFFFFF

为了美观，我们可以设置文本控件的行距"Line Spacing"为18，如下图所示。

现在界面的显示效果如下图所示。

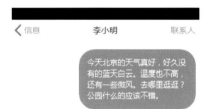

采用同样的方式，我们再添加一个对话。

接着我们放置一个矩形控件到界面中，作为对话框的底部，属性设置如下。

名 称	类 型	坐 标	尺 寸	边框色／填充色
无	Rectangle	X320:Y528	W200:H40	#F6F7F9/#F6F7F9

然后放置一个水平分隔线控件，属性设置如下。

名 称	类 型	坐 标	尺 寸	边框色
无	Horizontal Line	X0:Y523	W320:H10	#C9C9C9

接着我们从第三方控件库拖拽一个麦克风的图标，放在
X286：Y536 的位置。

完成之后，我们处理输入框。我们先用一个圆角矩形作
为外框背景，然后放置一个隐藏了边框的文本输入控件。

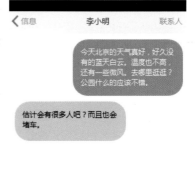

目前看起来是这个样子的。我们选中除了顶部黑色状态栏之外的所有控件，然后右键单击，选择
"Convert to Dynamic Panel" 命令，将它们自动转换为放置在一个新的动态面板的 State1 中的控件。

我们将这个动态面板命名为 dpMessage。

在开始下面的步骤之前，我们先分析一下要做些什么。

大家知道，我们还缺一个照相机的图标，当用户点击这个图标的时候，界面就会从信息的输入界面变成拍摄的界面，如下图所示。

然后这个时候我们如果向上将手指滑动到黄色的照相机图标后再放开，就会把当前的视野拍照并且发在信息中，如果向右滑动手指到红色的摄像按钮再放开，就会开始摄像，在拍摄完成后再发送。所以，读者可以知道这是一个 Drag & Drop 的操作。为了完成这种操作，被拖拽的一定是一个动态面板。而且我们要判断在这个被拖动的动态面板被放下的时候，是放在何处，是不是在黄色或者红色按钮上放下的？

为此，我们先拖拽一个动态面板控件到界面中，属性设置如下。

名 称	类 型	坐标	尺 寸
dpSwitch	Dynamic Panel	X6:Y534	W27:H23

在 State1 中，我们放置那个蓝色的照相机图标：

，坐标为 X2：Y4

然后在 State2 中，放置一个圆形的矩形控件，文本为"x"，我们用它来代替那个中间有个叉的取消按钮。

接下来添加一个动态面板控件属性设置如下。

名 称	类 型	坐 标	尺 寸
dpView	Dynamic Panel	X-115:Y20	W435:H663

在这个 dpView 的 State1 中，我们先放置一个 320 像素 x548 像素的图片来模拟我们的 iPhone 取景框，坐标为 X115:Y0，如下图所示。

然后，我们要放置那个 1/4 圆的控制板。我们在第 5 章"常见的应用程序界面布局"中曾经介绍过这种异型的导航。在这里我们再重复一次。首先我们拖拽一个矩形控件到界面中，然后把它改成一个圆形，属性设置如下。

名 称	类 型	坐 标	尺 寸	边框色 / 填充色
无	Rectangle	X0:Y432	W231:H231	#CCCCCC，透明度 50%

现在界面的显示效果如下图所示。

我们需要用两个白色的矩形控件盖住这个圆形中我们不需要的部分，完成后的效果如下图所示。

现在我们回到 Home 页面中，是时候添加黄色的照相机图标和红色的摄像机图标了。我们把这两个图标做成动态面板，分别命名为 dpPhotoCamera 和 dpVideoCamera。

黄色的图标是由一个照相机图标和一个圆形的矩形控件组合而成的；红色的图标是由两个圆形的矩形控件组合而成的。现在 Home 页面的显示效果如下图所示。

我们需要把 dpView、dpPhotoCamera 和 dpVideoCamera 三个动态面板先隐藏起来，因为在开始的时候它们都是不显示的。

下面我们添加最后一个动态面板，这才是我们要拖拽的那个动态面板。而 dpSwitch 动态面板只是用来显示当前的状态的。这个新添加的动态面板属性设置如下。

名 称	类 型	坐 标	尺 寸
dpMover	Dynamic Panel	X6:Y534	W27:H23

我们为 dpMover 添加如下的 OnDragStart 事件。就是在开始拖拽之前，我们要把刚才添加的一些动态面板都显示出来，并且让 dpSwitch 变成显示取消按钮。

然后添加如下的 OnDrag 事件。

就是在拖拽的时候，让 dpMover 随着拖拽移动。

最后添加 OnDragDrop 事件。这个事件比较复杂，我们分步骤进行，首先添加事件发生的条件。这是说，当我们放下 dpMover 的时候，如果放下的位置跟 dpPhotoCamera 重合，那么就执行 case1 的内容；如果放下的位置跟 dpVideoCamera 重合，那么就执行 case2 的内容。

那么 case1 里面应该有什么动作呢？其实就是把当前视野拍照后的照片直接发送到 iMessage 中。为此，我们再添加一个动态面板控件，属性设置如下。

名　称	类　型	坐　标	尺寸
dpPhotoTaked	Dynamic Panel	X192:Y260	W122:H206

在它的 State1 中，我们放置一个缩小了的，跟 dpView 中一样的图片，如下图所示。我们把 dpPhotoTaked 设置为隐藏。

准备好 dpPhotoTaked 之后，我们为 dpMover 的 OnDragDrop 事件的 case1 添加如下的事件。

解释一下，就是如果放下的位置与 dpPhotoCamera 重合，那么就把 dpPhotoCamera、dpVideo Camera 和 dpView 都隐藏，然后将 dpPhotoTaked 显示出来，再将 dpSwitch 恢复到照相机的图标，同时把我们已经移走的 dpMover 恢复原位。

我们先在浏览器中测试一下这个效果，发现在 dpPhotoCamera 上放下 dpMover 后，界面的显示效果如下图所示。

是不是好像真的发了一张照片一样？

接下来我们处理 Case2 的事件。Case2 有点儿复杂，这是因为我们要等待录像一会儿，然后用户确认后才可以发送。所以我们向 dpView 控件中再添加一个新的 State2，然后向其中添加如下内容。

　　接着我们同样为 dpPhotoTaked 添加 State2，其中的内容也是同样的，就是在 State1 的图片上添加一个播放按钮，以表示这是一个视频。

　　然后我们为 dpView 中 State2 中的那个红色的矩形添加如下的 OnClick 事件。

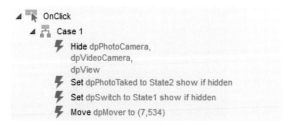

　　我们要做的跟之前类似，也是把不需要的动态面板都隐藏起来，然后把制作好的 dpPhotoTaked 动态面板设置为 State2。

　　至此本原型完成。

结束语

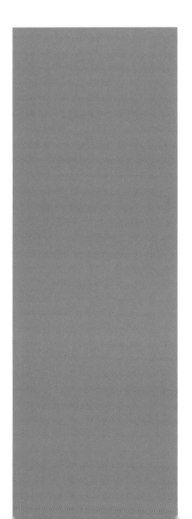

本书中的所有案例，到此就全部介绍完成了。感谢您阅读本书。

案例是无法穷尽的，现实当中的需求也是千变万化的。希望各位读者在掌握 Axure RP 这个工具的技巧之外，能够在项目中持续地投入自己的热情。毕竟工具永远只是工具，重要的是人，是细节，是热情，是反复。伟大的产品来源于简单的线条，友好的体验也来自细微的思量。不是说一旦使用了 Axure RP，产品就立刻变好了。Axure RP 只能帮助我们把文字需求变得更加形象，避免误解带来的反复。多年来 Axure RP 都给笔者在工作中带来了极高的效率，让笔者永远都能够先人一步。当别人还在为如何描述一个产品或者功能而斟酌文字的时候，笔者已经能够在简单的文字旁边加上最终产品的原型了。

如果你希望用户点击一个按钮，那就给他们一个按钮去点吧。如果你会给客户开发一个友好的体验流程，那么别让他们等三个月，现在就让他们体验吧。有了 Axure RP，就是这么简单。

再次感谢。